中等职业教育计算机应用专业规划教材

C语言程序设计案例教程

主　编　刘小华　史春水　马　平

副主编　廖志勇　刘　伟　胡源源

马云扉　屈华军　赵庆超

肖　春　倪贵兰　王　健

杨　柳　余　伟

参　编　李潇澜　谢　洋　袁新平

陈青松　陈　峘

中国人民大学出版社

·北京·

前　言

C语言是一种应用广泛的且实用的程序设计语言，具有功能强大、使用灵活、可移植性好的特点，既具有高级语言的指导性优点，又具有低级语言的指向性优点；既可用于编写系统软件，也可用于编写应用软件。C语言的语法规则清晰，便于掌握和记忆，适合作为读者学习计算机程序语言的入门语言。

本书是编者在积累了大量课程建设经验，认真研究中职教育理念和学生学习规律，并经过应用实践的基础上整理编写的。本书以实例为载体，系统地介绍了C语言的基本概念、语法规则，概念清晰、结构分明，使初学者能够对C语言有基本的了解；书中配有丰富的案例，把需要掌握的知识点、技能点融入实际的案例中，使读者在学习和使用C语言时更加得心应手，做到学以致用。书中部分习题参考了全国计算机等级二级C的内容，以增强学生的应试能力。

本书编者来自不同的中等职业学校，在C语言程序设计教学领域具有多年工作经验。

由于时间有限，加之编者水平有限，书中不足之处在所难免，敬请读者批评指正，以便在今后进一步完善。

编者

目　录

第1章　C语言概述

学习目标

1. 理解程序及程序设计语言的概念。
2. 了解C语言的组成特点。
3. 掌握C语言程序结构组成特点，明白 main（）函数与其他函数之间的调用关系。
4. 熟悉C语言源程序的书写格式与书写要求。
5. 熟悉 Turbo C 3.0 软件环境的使用，掌握编辑、编译、链接、运行四个过程。
6. 学会编写简单C语言程序的方法。

1.1　C语言的学习与应考策略

C语言是目前最流行的计算机语言之一，备受程序设计与软件开发人员的青睐。同时也是中职计算机专业学生参加对口升学考试的核心课程。C语言牵涉的概念复杂，规则繁多，使用随意，语法灵活，书写自由，语句形式多样，内容抽象乏味，要求高、易出错，要求学习者数学和英语基础要好，因而令中职学生感到棘手，在学习中慢慢地失去信心，以致最后放弃。

(1) 克服畏难心理，理性认识C语言。

有些中职生的数学和英语水平偏低，看到程序是用英语编写的，心里已经未学先弃。其实C语言并没有那么难，因为根据中等职业教育教学要求，C语言从整体上来说只有32个关键字（32个单词），9种控制语句（12个单词），一百多个库函数（一百多个单词），这些加起来不足200个单词，所以说英语差对学习C语言影响不大。另外，C语言中只有34种运算符，例如，加、减、乘、除运算符大家从幼儿园就开始学习，提取因子数、最大公约数、最小公倍数等数学概念在九年制义务教育中就学习了，所以不要有畏难心理。

(2) 阅读、改写、编写。

学习计算机语言最好的方法之一是什么？答：读程序。

阅读程序是学习C语言最快、最好的方法之一。阅读程序的过程中考虑程序中的每一个定义，每一条语句的作用，用心去理解每一行代码，推敲编程者的思路，有助于学习者明白程序的结构、算法，了解程序的功能与作用。

改写程序可以理解为临摹、仿写。是指在阅读程序后，去找几个与案例相似或一样的问题，试着去仿写程序，千万不要以为读懂了就能写出一样的程序。当然，如果写不出来，也不要着急，回过头来再继续研究案例，反反复复去看、去想那些没看懂的地方。

编写程序是指自己在经过反复阅读、改写之后，对程序的结构、算法的识别有一定程度的掌握，对某些问题有了似曾相识的感觉，能借鉴别人的思路、算法来解决类似问题。如此反复，直到面对问题能独立确定结构、明确算法，能用恰当的语句写出为止。

(3) 归纳整理，适当记忆。

在学习 C 语言的过程中，死记硬背不会取得良好的学习效果，只有在理解的基础上进行归纳整理，适当记忆才能达到事半功倍的效果。

(4) 融会贯通，举一反三。

要求大家在平时学习的过程中，切实理解所学的考点，熟悉相关的变化，抓住数据的变化规律，就能轻松解决类似的问题。

(5) 仔细认真，切忌浮躁。

C 语言是以英文小写字母为书写基础，大小写字母的 ASCII 码值完全不同；数据类型、运算符的优先级与结合性不同；各运算符作用功能要求也不同；输入输出函数格式要求不同；函数功能格式不同，等等，这些是考点的格式要求也是软件的规定，是不能随意改写的。用 C 语言编写程序文件是不允许有丝毫错误的，哪怕是一个小小的标点符号都不能错，如果在学习过程中不注意这些要求，甚至将其混为一谈，对学习者正确的书写习惯、学习习惯的养成都将产生严重的影响。所以，学习 C 语言只有严谨、认真、静心、用心，才能学好。

(6) 重视上机调试环节。

上机调试程序，不要只为了结果，而应当从结果出发来进一步分析程序，或想想自己分析出来的结果与上机运行结果为什么不同，哪些环节没理解与掌握。借助上机更好地理解程序，改正自己的误解或疏忽大意，能有效地减少面对程序改错题的困惑，从而进一步掌握编程的技巧。

1.2 C 语言程序特点

所谓程序就是一组计算机能够识别和执行的指令。程序设计语言是计算机和人都能识别的语言。

计算机语言经历了以下几个发展阶段。

机器语言：计算机能直接识别和接受的二进制代码（由 0 和 1 组成）。

汇编语言：一种用助记符号表示的程序设计语言。

高级语言：接近于人们习惯使用的自然语言和数学语言，用高级语言编写的程序称为源程序，不能直接被计算机执行。

C 语言是一种模块化的程序设计语言，采用自顶向下、逐步求精的结构化程序设计方法，属于高级语言，其特点如下。

(1) 语句简洁、紧凑，使用方便，语法灵活。C 语言一共有 32 个关键字，9 种控制语句，程序书写形式自由，主要用小写字母表示。

1）与数据类型相关的关键字。

```
char    int    short    long    signed    unsigned  float
double  enum   struct   union   typedef   void
```

2）与存储类型相关的关键字。

```
auto    registerstatic   extern
```

3）与控制语句相关的关键字。

```
if    else    switch    case    default    do
while    for    break    continue    goto    return
```

4）其他的关键字。

```
const    sizeof volatile
```

（2）运算符丰富，C语言共有34种运算符。

（3）数据结构多样，有整型、实型、字符型、枚举型等基本类型，有数组、结构体、共用体等构造类型及指针类型等。

（4）具有结构化的控制语句（如if… else、while语句、do… while语句、switch语句和for语句）。

（5）语法限制不太严格，书写格式自由，一个语句可以占多行，一行也可以有多个语句。C程序没有行号。

（6）C语言可以直接访问物理地址，能进行位运算，能对硬件进行操作。因此C语言具有高级语言的许多功能，又具有低级语言与硬件结合紧密的优点。

（7）C语言编写的程序可移植性好。

（8）C语言具有很好的通用性，生成目标代码质量高，执行效率高。

1.3 C语言的标识符和书写风格

1.3.1 标识符

C语言规定标识符只能由字母、数字和下画线3种字符组成，且第一个字符必须为字母或下画线。例如：sum，day，_class，student_No，a1等都是合法的标识符。2a_q，a#_12，$abc等都是非法的标识符。

1.3.2 书写风格

（1）书写位置：一行中的语句数量无限制，一行写不下也可以写在多行上，但每条语句和数据定义后必须有一个分号，一行中的多条语句之间也要用分号分隔。

（2）缩进格式：不同结构层次的语句从不同位置开始，使程序清晰易读。

（3）注释信息：在适当的位置用以说明语句或定义及函数的作用。

（4）C程序中所有的关键字都是小写字母，在C程序中大小写是敏感的，大小写字母间的ASCII值相差32。

【例1-1】在屏幕上输出以下信息：Hello，World!

解题思路：在主函数中用printf函数输出以上文字。

编写程序：

```
/* example1.1   The first C Program */            /* 这是一条注释 */
#include <stdio.h>                                /* 这是一条编译预处理 */
```

```
main( )                                  /* 主函数 */
{                                        /* 函数体开始标志 */
    printf("Hello,World!\n");            /* 输出所指定的一行信息 */
    return 0;}                           /* 函数体结束标志 */
```

运行结果：

```
Hello,World!
```

说明：

第1行 /* example1.1 The first C Program */ /* 这是一条注释 */

(1) 注释由/* 和 */组成。

(2) 注释语句用于帮助学习者阅读和理解程序，以增强程序的可读性。

(3) 注释语句不能嵌套。如 /* first/ * example1 */ C Program */是错误的。

(4) 注释语句不产生编译代码，编译时不进行语法分析。

(5) 注释语句可以放在程序的任何位置，但不可以放在语句里面。

(6) 注释语句可以是任意字符，可以是汉字和英文。

第2行 #include 〈stdio.h〉 /* 这是一条编译预处理 */

(1) #include 〈stdio.h〉是编译预处理命令，又称"文件包含"或头文件，在调用系统库函数时，要在源文件的开头把库函数对应的头文件包含进来。

(2) 编译预处理必须以#开头，不是C语句，不能以；结尾。

(3) 编译预处理两种写法如下。

#include "被包含文件名"

或 #include 〈被包含文件名〉

(4) 常用文件包含命令。

1) "stdio.h"输入/输出类函数头文件，用到 scanf 和 printf 时使用。

2) "string.h"字符串类头文件，用到字符串时使用。

3) "math.h"数学类函数头文件，用到数学符号时使用，如平方、开根号。

【例1-2】用两个函数计算出1+2的和。

解题思路：用一个函数来实现求两个数的和，在主函数中调用此函数并输出结果。

编写程序：

```
/*  案例1.2 计算1+2的和 */               /* 注释语句 */
#include 〈stdio.h〉                     /* 输入输出类头文件 */
main( )                                  /* 主函数 */
{   int a,b,sum;                         /* 声明a,b,sum3个变量 */
    a=1;                                 /* 给变量a赋值为1 */
    b=2;                                 /* 给变量b赋值为2 */
    sum=add(a,b);                        /* 函数调用 */
    printf("sum= %d\n",sum);             /* 输出 sum=  的值 */
}
/* 自定义一个函数 add,求 x+y 的值 */      /* 注释语句 */
int add(int x,int y)                     /* add 函数 */
```

```
{    int   z;                              /*声明z变量*/
     z=x+y;                                /*将x+y的值赋给变量z*/
   return(z);                              /*返回z的值给main()*/
}
```

运行结果：

```
sum=3
```

说明：

本程序包括：main（主函数）和自定义 add 两个函数，程序从 main 函数开始，main 函数调用 add 函数，add 的作用是计算 x＋y 的值并赋值给变量 z，return 语句将 z 的值返回给主函数 main。

从两个案例分析，C 语言源程序有以下特点。

(1) C 语言源程序由一个或多个函数组成，函数是 C 程序的基本单位。

(2) C 语言源程序中有 3 种类型的函数：

1) main（）：主函数，C 程序必须有且只能有一个主函数 main（）。程序执行从 main 开始，到 main 结束，只能由 main（）调用其他函数，其他函数之间可以相互调用。main（）函数位置可以是程序的任意位置，但不能放于另一个函数内。

2) 开发系统提供的库函数，如 printf（）、scanf（）等，使用库函数时，需用编译预处理命令＃include 将文件包含进来。

3) 程序员自己设计的函数，如【例 1-2】中 int add（int x，int y）中 add（）是自定义函数。

(3) 一个函数由以下两部分组成。

1) 函数首部：包括函数类型（返回值类型）、函数名、形式参数表，如【例 1-2】中的 int add（ int x，int y）。其中，第一个 int 表示函数类型为 int 型，add 表示这个自定义函数的函数名为 add，（int x，int y）表示有两个 int 型形参变量 x 和 y。

2) 函数体：花括号｛｝括起来的部分称为函数体，“{”代表函数体开始，“}”代表函数体结束，若一个函数有多个花括号，则最外层的一对花括号为函数体的范围。函数体包括声明部分和执行部分。

声明部分：如【例 1-2】中 int a, b, sum, 表示定义 3 个 int 型变量 a，b，sum。

执行部分：由若干语句组成，用于执行一定功能或完成一定任务。如【例 1-2】main 函数中声明部分以外的其他语句。

注意：

函数的声明部分和执行部分都可省略，例如：

```
void max( )
{
}
```

这是一个空函数，什么也不做，但是是合法的函数。

(4) 每个语句和数据声明的最后必须有一个分号，C语句以分号结束。例如：

```
int z;
```

这是一条声明定义语句，表示定义一个int型变量z。

(5) 程序的运行是以输出结果为目标，一个没有结果的程序是没有意义的。例如：

```
printf("Hello,World!");
```

printf（）函数的功能是在显示器上输出指定的内容，C语言本身不提供输入输出语句，而是通过调用库函数来实现，因此在使用printf时应在程序的开头一行写＃include〈stdio. h〉或＃include"stdio. h"。

1.4 C语言程序的开发

1.4.1 C语言程序开发的一般步骤

1. C源程序的编辑

任选一种文字处理软件如Word、记事本等编辑源文件。检查确认无误后，保存扩展名为.C的源文件。但建议使用相关C语言集成开发环境中的“编辑器”来编辑C语言源文件。

2. C源文件的编译

编译是对源文件词法和语法进行检查和翻译的过程。编译时先处理头文件，如＃include〈stdio. h〉等，将其包含在源文件中一并进行分析，产生中间代码，最后由代码生成器生成目标文件存于文件系统中。其文件扩展名为.obj。

3. 链接过程

编译生成的目标文件不能直接运行，因为目标文件是一个可浮动的程序模块，必须通过链接程序，将编译生成的目标文件与其他目标文件、库函数链接在一起，形成一个可执行文件。可执行文件的扩展名为.exe。

4. 执行过程

可执行文件可以脱离编译系统而独立存在。在操作系统支持下，单击运行按钮或键入文件名即可立刻执行。

程序能运行，并不意味着结果一定正确，有些逻辑性错误是难以被发现的，这就要求程序员从算法到程序设计各个环节认真检查，跟踪测试，再经历“编辑→编译→链接→运行”全过程，直到达到预期目的为止。

C语言程序的开发过程分为以下几步，如图1-1所示。

1.4.2 C语言程序集成开发环境

1. TurboC 2.0的安装和启动

(1) 安装过程（略）

(2) 启动过程：运行TurboC 2.0时，只要在TC目录下运行主程序TC. EXE即可进入TurboC 2.0集成开发环境。

(3) 安装完毕后将在当前目录下建立一个TC子目录，TC目录还建立两个子目录LIB和INCLUDE，其中LIB子目录用于存放库文件，INCLUDE子目录用于存放所有头文件。

2. TurboC 2.0集成开发环境下的操作过程

(1) 编辑源程序。启动成功，在编辑下输入或修改源程序，结束后保存文件。默认的C

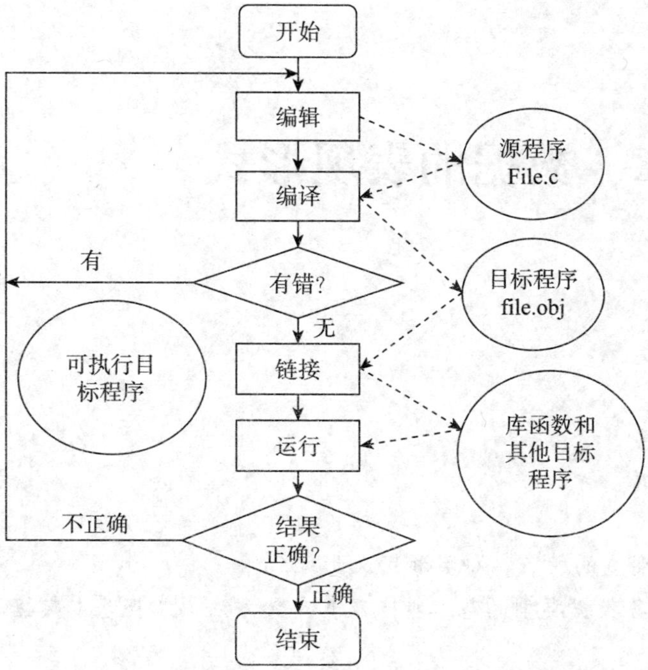

图 1-1　C 语言程序的开发过程

语言源文件的文件名后缀为 .C。

（2）编译、链接。编辑好一个源程序文件后，按 F9 进行编译、链接，如果有语法错误，将会在 message 窗口中出现错误提示。如果没有错误则生成可执行文件 .exe 文件。

（3）执行程序。经过编辑、编译后的程序可通过菜单操作或按 Ctrl＋F9 来执行程序，如果存在错误则应返回去修改后再进行相应操作。

（4）查看结果。按 Alt＋F5 使用屏幕查看结果。

（5）退出软件。

第 2 章　数据的表现形式

学习目标

1. 掌握常量和变量的特点、种类和定义形式。

2. 熟悉 C 语言各数据类型的基本特点及其定义方法，掌握基本数据类型的性质、格式、定义方式。

3. 掌握 C 语言各数据类型的存储特点。

4. 掌握不同的数据类型之间的相互转换方式。

2.1　基本数据类型

计算机内部使用二进制形式来存放各种信息，对不同的信息有着不同的解释，于是人们对信息的存放做出规定，即数据的组织形式。那么在 C 语言中，是如何规定数据的存放形式的呢？C 语言规定，程序中用到的任何一个数据类型必须首先指定其数据类型。数据类型的引入可以规范数据使用的规则，能帮助程序员优化算法，从而提高编写程序的效率。C 语言把数据类型分为：基本类型、构造类型、指针类型等，如图 2－1 所示。

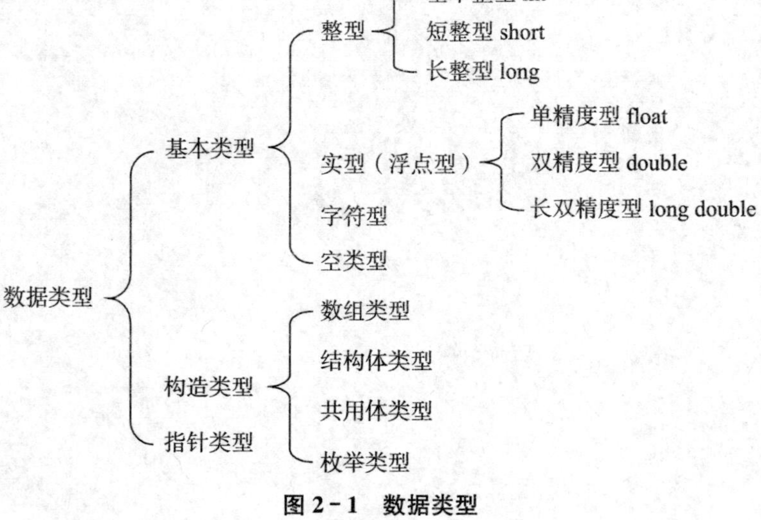

图 2－1　数据类型

2.2　关键字与标识符

2.2.1　关键字

面对不同的对象或不同的信息出现形式、存放形式，我们把数据分为常量与变量，常量、变量需要有名字，命名是要讲规则的，C语言中，标识符是用来标识变量名、符号常量名、文件名等的有效字符序列。关键字是C语言系统使用的具有特定含义的标识符，也称特定字或保留字。C语言定义了32个关键字，如表2-1所示。

表 2-1　C 语言定义的 32 个关键字

auto	double	int	struct
break	else	long	switch
case	enum	register	typedef
char	extern	return	union
const	float	short	unsigned
continue	for	signed	void
default	goto	sizeof	volatile
do	if	static	while

2.2.2　标识符

标识符命名与判断规则如下。

(1) 只能由字母、数字、下画线组成，第一个字符必须是字母或下画线。

(2) 标识符不能和C语言的关键字重名。如：if（C语言的关键字），main（C语言的关键字）都是不合法的标识符。

(3) 在C语言中，大写字母和小写字母被认为是两个不同的字符。如：max和MAX是两个不同的标识符。

(4) ANSI C标准没有规定标识符的长度，但各个C编译系统都有自己的规定。在Turbo C中规定标识符的长度不超过32个字符，如果超过，则只有前32个字符有效。

例如：sum，day，_class，student_No，a1等都是合法的标识符。

2a_q，a#_12，$abc等都是非法的标识符。

2.3　常量

在程序运行过程中，其值不能被改变的量称为常量。如：5，800等都是常量。

分类：整型常量、实型常量、字符常量、字符串常量、符号常量。

2.3.1　整型常量

整型常量就是整数，包括正整数、负整数和0。

在C语言中，整型常量有十进制、八进制、十六进制3种表示形式。

(1) 十进制整数。十进制整数由0～9组成，如：237，－312，0，16395等都是正确的十进制整数。

(2) 八进制整数。八进制整型常量由 0 开头，后面由 0～7 之间的数字组成。

如：037，0，0236，017777 等都是正确的八进制数。

%1，591，0238 等都是非法的八进制数。

(3) 十六进制整数。十六进制整数由 0x 或 0X 开头，后面由 0～9 之间的数字组成，a～f（或 A～F）之间的字母组成，a～f 表示 10～15 的数字。

如：0x8，0x2A，0xaf，0xbca 等都是正确的十六进制数；0x8H（H 超出十六进制的数码），ox23（前缀是 ox，不是 0x），8f（无前缀 0x）等都是非法的十六进制整数。

计算机能保存的数据是有范围的，十进制一般整数的取值范围为－32768～32767，十进制无符号整数的取值范围为 0～65535，八进制无符号数的取值范围为 0～0177777，十六进制无符号数的取值范围为 0x0～0xffff（0x 用大写或小写都可以）。

如果超出这些范围，可以通过给常量附加诸如 U、L、UL 之类的修饰符，可以保存更大的数。例如：

158L	或	158l	（表示长整型数）
5768U	或	5768u	（表示无符号数）
016L	或	016l	（表示八进制长整型数）
0XC8L	或	0xc8l	（表示十六进制长整型数）
0X5ALU	或	0x5alu	（表示十六进制无符号长整型数）

2.3.2　实型常量

实型常量也称浮点数，用来表示包含有小数部分的实数，它只适用于十进制形式。

实型常量有十进制小数形式和指数形式两种表示方法。

(1) 十进制小数形式：十进制小数形式由正负号、整数部分（数码0～9）、小数点和小数部分组成。注意必须含小数点，整数部分和小数部分可缺省其中之一，如 0.99 可写成 .99。

如：0.123　　.123　　123.0　　0.0　　－23.33　　－.72 合法

123（无小数点，故非法）

(2) 指数形式（科学计数表示法的变形）。

格式：十进制数 E（阶码标志）指数。

字母 e 或 E 表示底数 10，例如 3.14E5 表示 $3.14*10^5$。

注意：e 或 E 之前必须有数字；e 或 E 后的指数必须为整数。如：

0.65e4　　12e－2　　1.5e＋5　　5.20E3 等都合法。

E7（E 前面没有数字，故非法）　　53.－E3（负号的位置错误，故非法）

2.7E（E 后面没有数字，故非法）　　2.7E3.4（阶码为小数，故非法）

指数形式往往表示很大或很小的数。如：3800000000 可以写作 3.8E9 或 38E8；－0.000000366 可以写成－3.66E－7。

规范化指数形式：一个实型数在用指数形式输出时，必然以规范化的指数形式输出。规范化指数形式指在字母 E 之前的小数部分中，小数点左边有且只能有一位非 0 的数字。如 314.15926 可表示为 3.1415926E2。3.1415926E2 就称为规范化指数形式。

2.3.3　字符常量

字符常量就是用一对单引号括起来的单个字符，有两种形式的字符常量。

1. 普通字符

用单引号括起来的一个字符，如'a'，'Z'，'8'，'*'，' '。不能是'ab'。

规则如下。

(1) 字符常量只能用单引号括起来，不能是其他括号。

(2) 字符可以是字符集中的任意字符，如'a'与'A'，'5'与 5 是不同的。

(3) 字符常量存储在计算机中时，不是存储字符本身，而是以字符对应的 ASCII 码值存储。如'a'在存储单元中存放的是 97。

2. 转义字符

除了可以用单引号包含一个字符形式外，C 语言还允许用一种特殊的字符常量，即转义字符，转义字符以反斜线"\"开头，具有特定的含义。如"\n"表示回车换行。

常用的以"\"开头的转义字符见表 2-2。

表 2-2　转义字符

转义字符	名称	输出结果
\'	单引号	输出一个单引号
\"	双引号	输出一个双引号
\\	反斜杠	输出一个反斜杠（\）
\t	水平制表符	将当前位置移到下一个 tab 位置，一个 tab 为 8 列，即 8 个空格。
\b	退格符	将当前位置往后退一个字符
\f	换页	将当前位置移到下一页的开头
\r	回车	将当前位置移到本行的开头
\n	换行	将当前位置移到下一行的开头
\o，\oo，\ooo 一个 o 代表一位八进制数	(即\后带一至三个 0～7 之间的数字。	输出与该八进制对应的字符 如：'\101'的 ASCII 值为 65，65 对应的字符为'A'。输出的为'A'。
\xh，\xhh 一个 h 代表一位十六进制数	(即\x 后带一至两个 0～9，a～f 之间的数字。	输出与该十六进制对应的字符。 如：'\x41'的 ASCII 值为 65，65 对应的字符为'A'。输出的为'A'。

【例 2-1】 转义字符的使用。

```
#include <stdio.h>
main( )
{
  printf("\101 \x42 C\n");
  printf("I say:\"How are you?\"\n");
  printf("\\C\tProgram\\\n");
  printf("Y\b=\n");
  printf(" hello\rhi\n");
}
```

程序运行结果为：

```
A B C
I say:"How are you?"
\C      Program\
=
hello
```

2.3.4 字符串常量

字符串常量就是用双引号括起来的一串字符。被包含的字符可以是字母、数字、空格或转义字符。如：

“Hello”，“China”，“Welcome”，“＄12.5”等都是合法的字符串常量。

字符串数据类型为 char，输出控制符是（%s）。

字符常量与字符串常量的区别如下。

（1）字符常量由单引号括起来，字符串常量由双引号括起来。

（2）字符常量只包含一个字符，字符串常量包含一个或多个字符。

（3）字符常量只占 1 字节的内存空间，字符串常量占的内存字节数等于字符串中字符个数加 1，增加的 1 字节存放字符串结束标志‘\0’。如：

字符‘a’在内存中占 1 字节，可表示为：a。

字符串“a”在内存中占 2 字节，可表示为：a\0。

【例 2-2】 字符串的使用。

```
#include <stdio.h>
main( )
{char str[20] = {"We are the world!"};
printf("This is a string:\n");
    printf("%s\n",str);
}
```

运行结果：

```
This is a string:
We are the world!
```

2.3.5 符号常量

符号常量指用一个宏名标识符（一般由大写字母组成）代表一个字符串。#define 是一条预处理命令（预处理命令都以“#”开头），故又称为宏定义命令。

符号常量的格式为：

    #define 符号标识符 常量

例如：

```
#define  PRICE 30
#define  PASS_MAX  50
#define  PI  3.14159
```

用＃define 语句定义符号常量时，应遵循以下规则。

（1）一般用大写字母。

（2）一个＃define 占一行。

（3）＃define 语句可出现在程序的任意位置，但必须位于使用它之前。

（4）如果常量是字符串，可以不加双引号，如果加了，则会被当成字符串的一部分。

（5）结尾不加分号，如果加了，会把分号作为字符串的组成部分。

（6）宏替换只是简单的代替，不做语法检查。

（7）一个源程序文件中可含有若干个 define 命令。

（8）不同的 define 命令中指定的符号标识符不能相同。

【例 2-3】输入圆半径，求其周长和面积并输出。

```
#include <stdio.h>
main( )
{
float r,t,s;
scanf("%f",&r);
t=2*3.14*r;
s=3.14*r*r;
printf("zhouchang=%f mianzhi=%f",t,s);
}
```

程序中多次用到 3.14，如果要逐一将 3.14 改成 3.1415926 就会很麻烦，那么我们就可以利用宏定义将 3.1415926 定义为符号常量，这样只需修改宏定义处就可完成对整个程序的修改。

2.4　变量

变量就是一个可用于保存数据值的数据名。在程序运行时，变量的值是可以改变的。但在某一时刻有且只能有一个变量的值。

变量必须先定义，后使用。在定义时指定该变量的名字和类型。变量一经定义，就会在程序编译过程中为其分配适合其类型的存储单元，用于存放其值。

变量名实际是以一个名字代表的一个存储地址，C 语言会给每一个变量名分配对应的内存地址，从变量中取值。如 int a=6；这代表定义一个变量，这个变量为 int 型，这个变量的名字为 a，6 是变量 a 的值，即存放在变量 a 的内存单元中的数据。实际上是通过变量名找到相应的内存地址，从该存储单元中读取数据。

变量名的命名规则和标识符的命名规则一样，也是由字母、数字、下画线组成，且开头必须是字母或下画线，区分大小写。

（1）定义变量的一般格式：

```
数据类型　变量名1,变量名2,……变量名n;
```

（2）定义变量并赋初值的初始化语句格式：

```
数据类型　变量名1=值1,变量名2=值2,……变量名n=值n;
```

(3) 先定义后赋值的一般格式：

```
数据类型  变量名1,变量名2,……变量名;
          变量名1=值1;
          变量名2=值2;
            ……
          变量名n=值n;
```

例如：

1)int a;　/＊定义一个整型变量a＊/

2)unsigned x,y,z;　/＊定义3个无符号整型变量x,y,z＊/

3)int i=0,j=1,k; /＊定义3个整型变量i,j,k,并给i赋初值为0,j赋初值为1＊/

4)long a,b=32864;　/＊定义两个长整型变量a,b,并给b赋初值为32864＊/

5)int a,b,c;/＊定义3个变量a,b,c＊/

6)a=3;b=4;c=5;/＊给变量a赋值为3,b赋值为4,c赋值为5＊/

注意：

(1) 若在定义时不进行变量初始化，则变量值为不确定值。

(2) 未定义时不可以采用连续赋值，如：int a=b=c=3;是错误的。可以先定义后连续赋值，如：int a，b，c;a=b=c=3;。

(3) 不可重复定义 如：int　a=5;。

float　a=9.3; (a重复定义为int整型和float实型)。

2.4.1 整型变量

整型变量用来存储整型数据。整型变量的类型说明符为int，输入输出控制符为“%d”，

1. 整型变量的划分

按表示整数范围的大小，整型变量可分为基本整型、短整型、长整型和无符号整型，见表2-3。

表2-3　整型数据常见的存储空间和值的范围

类型	数据类型	长度	控制符	后缀	取值范围
基本整型	int	2字节	%d		−32768～32767 即 $-2^{15}\sim2^{15}-1$
短整型	short	2字节	%d		−32768～32767 即 $-2^{15}\sim2^{15}-1$
长整型	long	4字节	%ld	L或l	−2147483648～2147483647 即 $-2^{31}\sim2^{31}-1$
无符号整型	unsigned	2字节	%u	u或U	0～65535　即 $0\sim2^{16}-1$
无符号短整型	unsigned short	2字节	%u	u或U	0～65535 即 $0\sim2^{16}-1$
无符号长整型	unsigned long	4字节	%ul	UL或ul	0～4294967295 即 $0\sim2^{32}-1$

注意：无符号整型只能表示整数，不能表示负数。

2. 整型变量的存储形式

定义整型变量时，系统根据其类型分配相应的内存单元，整型数据在内存中以二进制补

码形式存放。如：整数 13 在各种整型类型变量中的存储情况如下。

int 型：

00000000	00001101

short int 型：

00000000	00001101

long int 型：

00000000	00000000	00000000	00001101

unsigned int 型：

00000000	00001101

unsigned short int 型：

00000000	00001101

unsigned long int 型：

00000000	00000000	00000000	00001101

一个正整数的原码、反码和补码是相同的，负数在内存中如何求补码呢？

求负数码的方法为：先求该数绝对值的二进制表示形式，按位取反后再加 1，例如求 －10 的补码的方法是如下。

（1）取－10 的绝对值 10。

（2）10 的绝对值化成二进制形式为 0000000000001010。

（3）对 1010 取反得反码的二进制形式为 1111111111110101。

（4）再加 1 得补码的二进制形式为 1111111111110110。

【例 2－4】整型变量的定义与使用。

```
#include <stdio.h>
main( )
{        int a, b, c, d;                /*定义 a,b,c,d 为整型变量*/
         unsigned u;                     /*定义 u 为无符号整型变量*/
       a=12;  b=-24;  u=10;    /*给变量 a,b,u 赋值*/
       c=a+u;  d=b+u;                /*把变量 a 和变量 u 的值相加后赋给变量 c,把变量 b 和变量 u
                                          的值相加后赋给变量 d,*/
printf("a+u=%d, b+u=%d\n",c,d); /*用%d 格式输出 c 和 d 的值*/
       printf("u=%u",u+10);    /*用%u 格式输出 u+10 的值*/
}
```

【想一想】

1. 找出此程序有多少个变量，多少个常量？
2. 写出程序运行结果。

3. 整型变量的溢出

一个 int 型变量的最大允许值为 32767，如果再加 1，其结果不是 32768，而是－32768。即“溢出”。

【例 2－5】 整型变量的溢出。

```
#include <stdio.h>
main( )
{
int x,y;                            /*定义x,y为整型变量*/
x=32764;                            /*给变量x赋值*/
y=x+5;                              /*把变量x的值加5后为变量y*/
printf("x=%d,y=%d\n",x,y);          /*以%d格式输出x和y的值*/
}
```

运行结果：

```
x=32764,y=-32767
```

因为 32767 是整型数据，可以表示数值的上限，加 5 后符号位为 1，其余各位如图 2－2 所示，成为－32767 的补码。

x=32764

01111111	11111100

y=–32767

10000000	00000001

图 2－2 补码

【例 2－6】 无符号型变量的溢出。

```
main( )
{   int a,b;
a=65535;
b=a+100;
printf("a=%u,b=%u\n",a,b);
}
```

运行结果：

```
a=65535,b=99
```

用超出范围的数减去 2 字节的模数，这样相对运算速度会快一点儿。如：上例变量 b 的值是：65635－65536＝99

2.4.2　实型变量

实型变量用来存放实型数据，一般在内存中占 4 字节，并按规范化的指数形式存放在存储单元中。

1. 实型变量在内存中的存储形式

在存储时，系统将实型数据分成小数部分和指数部分分别存放。如 3.14159 在内存中的存放形式如图 2-3 所示。

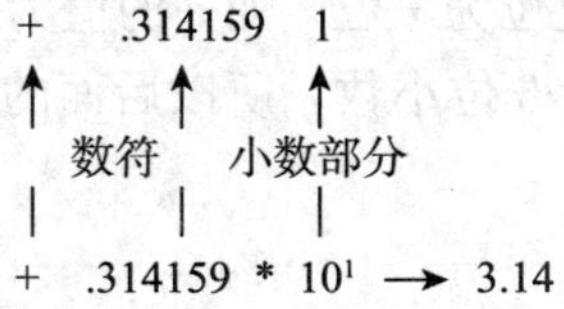

图 2-3　存放形式

4 字节（32 位）中，一般以 24 位表示小数部分（包括符号），以 8 位表示指数部分（包括指数的符号）。小数部分占的位数越多，数的有效数字越多，精度越高，指数部分占的越多，则能表示的数越大。

2. 实型变量的分类

实型变量分为：单精度型（float）、双精度型（double）、长双精度型（long double），见表 2-4。

表 2-4　实型数据常见的存储空间和值的范围

类型	数据类型	长度	控制符	有效数字	取值范围
单精度型	float	4 字节	%f	6～7	10^{-37}～10^{38}
双精度型	double	8 字节	%f	15～16	10^{-307}～10^{308}
长双精度型	long double	16 字节	%lf	18～19	10^{-4931}～10^{4932}

【例 2-7】 实型变量的定义与使用。

```
#include <stdio.h>
main( )
{
float x = 314.15926;
double y = 6.18e + 6;
printf("x = %f,x = %e\n",x,x);/*将 x 的值分别以 %f(小数形式)和 %e(指数形式)输出*/
printf("y = %f,y = %e\n",y,y);/*将 y 的值分别以 %f(小数形式)和 %e(指数形式)输出*/
printf("x + y = %f\n",x + y);/*以 %f 格式输出 x + y 的值*/
}
```

运行结果：

```
x = 314.159271,x = 3.14159e + 02
y = 6180000.000000,y = 6.18000e + 06
x + y = 6180314.159271
```

3. 实型数据的舍入误差现象

实型变量也是由有限的存储单元组成的，能提供的有效数字是有限的。这样就会存在舍入误差。若有以下定义，

```
float   a;
a = 111111.111;
```

则 a 的值可能为 a=111111.109375，其中 09375 为溢出数。

说明： 因为 a 为 float 型，有效位为 7 位，而 a 的值为 9 位，所以取前 6 位，第七位四舍五入为 0，又因 float 规定输出时为 6 位小数，所以后面的为随机数。

```
double   b;
b = 111111.111;
```

则 b 的值为 b=111111.111000。

说明： b 为 double 型，有效位为 15 位，而 b 的值为 9 位，不足 15 位，全部输出，double 规定输出时为 6 位小数，所以后面补充 3 个零。

【例 2-8】 实型数据的舍入误差。

```
#include <stdio.h>
void main( )
{   float a,b;      /*定义 a、b 为单精度型变量*/
    double c;       /*定义 c 为双精度型变量*/
    c = 66666.66666666666;/*给 c 赋值为 66666.66666666666 */
    a = 123456.789e5;          /*给 a 赋值为 123456.789e5 */
    b = a + 20;      /*给 b 赋值为 a + 20 */
    printf("a = %f\n",a);      /*以%f 输出 a 变量的值*/
    printf("b = %f\n",b);     /*以%f 输出 b 变量的值*/
    printf("c = %lf\n",c);     /*以%lf 输出 c 变量的值*/
}
```

说明：

（1）a，b 是单精度型，有效位只有 7 位，故 7 位后均为无效数字。

（2）c 是双精度型，有效位为十六位，但只能保留 6 位小数，其余四舍五入。

运行结果：

```
a = 12345678848.000000
b = 12345678848.000000
c = 66666.666667
```

2.4.3　字符型变量

字符变量的类型说明符为 char，输入输出控制符为“%c”。

1. 字符变量在内存中的存放形式

一个字符分配一字节空间，所以字符变量只能存放一个字符。字符是以 ASCII 码的二进制形式存放在内存单元中。

A 的 ASCII 码值是 65，a 的 ASCII 码值是 97。

'A'（65）——'Z'（90）　　　　'a'（97）——'z'（122）

'0'（48）——'9'（57）　　　　'\n'（10）。

如：因'B'的 ASCII 码值为 66，66 的二进制为 01000001（8 位＝1 字节）。故字符'B'在内存的存放形式为：

0　1　0　0　0　0　0　1

【例 2－9】字符型变量的定义与使用。

```
#include <stdio.h>
main( )
{
   char c1,c2,c3;                          /*定义 c1,c2,c3 为字符型变量*/
   c1 = 'a';                               /*给变量 c1 赋值为字符'a'*/
   c2 = '\101';                            /*给变量 c2 赋值为转义字符 \101(\101 为 A)*/
   c3 = '\"';                              /*给变量 c3 赋值为双引号(")\*/
   printf("c1 = %c\n",c1);                 /*以%c 形式输出 c1 的值(a)*/
   printf("c2 = %c\n",c2);                 /*以%c 形式输出 c2 的值(A)*/
   printf("c3 = %c\n",c3);                 /*以%c 形式输出 c3 的值(")*/
   printf("c1 - c2 = %d\n",c1 - c2);       /*以%d 形式输出 c1 - c2 的值(32)*/
printf(" %c - 32 = %c\n",c1,c1 - 32);  /*以%c 形式输出 c1,再以%c 输出 c1 - 32 的值*/
}
```

运行结果：

```
c1 = a
c2 = A
c3 = "
c1 - c2 = 32
a - 32 = A
```

说明：\101 代表的是八进制转义字符，转化成十进制为 65，把 65 对应的字符 A 赋值字符变量 c2，故 c2 为 A，转义字符"\"表示。a 的 ASCII 码是 97，A 的 ASCII 码是 65，c1－c2 相当于 a－A，等于 97－65＝32。c1－32 相当于 a－32，等于 97－32＝65，65 以"%c"输出对应的字符是 A。

2. 字符型数据与整型数据的关系

字符型数据和整型数据在一定范围内可以通用。

（1）在进行数据输出时，字符型数据和整型数据可以以对方的形式输出显示。即对于字符型数据用"%d"来控制输出，则会输出该字符对应的 ASCII 码值。而 0～255 范围内的整数用"%c"来控制输出，会输出 ASCII 码值对应该整数的字符。

例如：

'A'用%d 输出,结果为 65
65 用%c 输出,结果为 A

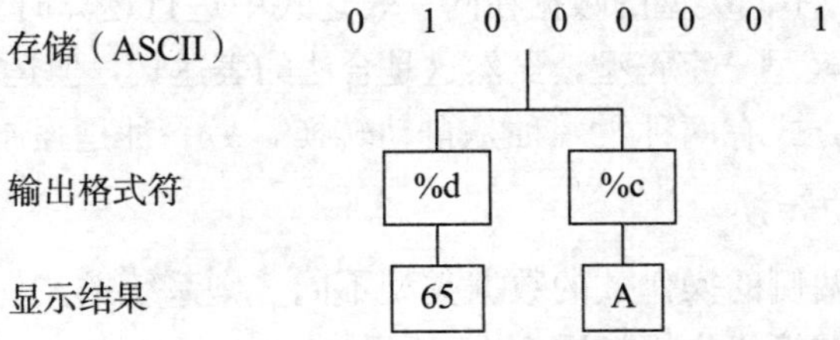

（2）字符型数据和整型数据间可以相互赋值。可以用字符常量或变量对整型变量赋值，整型变量的值为字符对应的ASCII码值。字符型变量的值为ASCII码值为该整数的字符。

如：

```
int n='a';  /*相当于n=97*/
char ch=65;  /*相当于ch='A'*/
```

（3）字符型数据与整型数据可以出现在一个表达式中并参与运算。

如：

'a'+10的值为'k'或107

'z'-10的值为'p'或112

'a'-'A'的值为32

【例2-10】字符型与整型数据。

```
#include <stdio.h>
main( )
{ char ch='a';
  int n=65;
  printf("%c  %d\n",ch,ch);/*用%c输出的就是字符'a'本身,用%d输出字符'a'对应的ASCII码
                                 97*/
      printf("%c  %d\n",n,n);/*用%c输出整数65对应的字符是A,用%d就是65*/
      printf("%c  %d\n",'a'+10,'a'+10);/* 'a'+10=97+10=107,107用%c输出字符'k',107
                                         用%d输出就是107*/
}
```

运行结果：

```
a 97
A 65
k 107
```

注意：

一定要注意printf（ ）函数的输出格式，如其中的空格不要落掉。

2.5 数据类型的转换

C语言规定，不同类型的数据在同一表达式中进行运算时要进行类型转换，如97－5.5＋'a'相当于整型＋实型＋字符型，虽然这是合法的表达式，但运算时要进行类型转换。

数据的转换方式有两种：一种是自动转换，另一种是强制转换。

2.5.1 自动转换

一个运算符两侧的操作数的数据类型不同，则系统按“先转换、后运算”的原则进行转换。混合运算的转换优先级如图2-4所示。

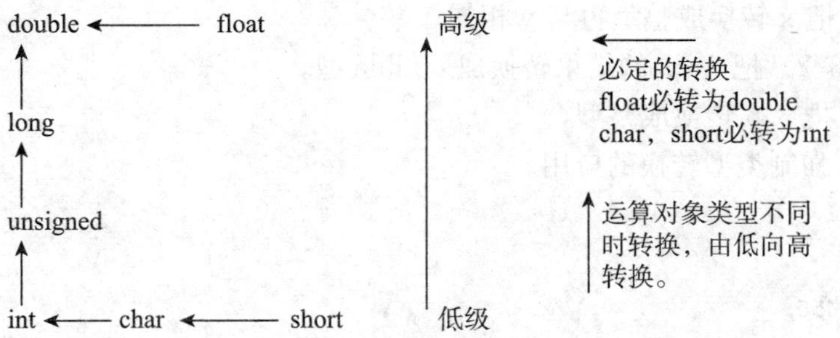

图 2-4　转换优先级

2.5.2　转换过程中的注意事项

（1）当同一表达式中各数据的类型不同时，编译程序会自动按优先级把它们转变成同一类型后再进行计算，由低向高转换。

（2）float 型必须转换成 double 型，char 和 short 型参与运算时，必须先转换成 int 型。

（3）在赋值运算中，赋值后两边量的数据类型不同时，赋值号右边类型转换成左边量的类型（即右转左），但是注意，如果右边量的数据类型长度长于左边时，将丢失一部分数据，丢失的部分四舍五入。

如：

若有 char ch;　　int i;　　float f;　　double d;

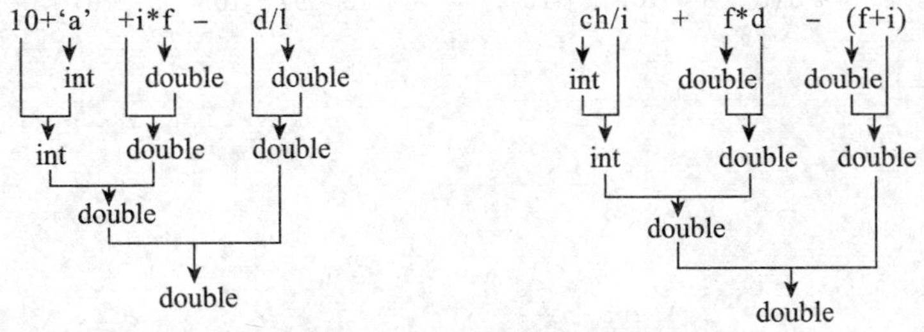

设 x 是整型数，y 是单精度实型数，z 是双精度实型数，则：

x+‘a’：整型+字符型的值是整型数。

x+1.5：整型+单精度型的值是双精度实型数。

x+y：整型+单精度型的值是双精度实型数。

x+y+z+‘x’：值是双精度实型数。

2.5.3　显式转换（强制转换）

一般形式：

(类型说明符)(表达式)

功能：把表达式的运算结果强制转换成类型说明符所表示的类型。

说明：

（1）类型名和表达式都必须加括号（单个变量可不加）。

（2）强制转换得到所需类型的中间变量，原变量类型不变，例如，（double）a 只是将变量 a 的值转换成一个 double 型的中间量，其数据类型并未转换成 double 型。

例如：（int）（x+y）把 x+y 的结果转换成 int 型。

(int) x+y 把 x 转换成整型再与 y 相加。

(double) (3/2) 把 3+2 的结果转换成 double 型。

(int) 3.6 把 3.6 转换成整型，

【例 2-11】强制类型转换的应用。

```
main( )
{
float a = 12.3456;
a = (int)(a * 100 + 0.5)/100.0;
printf("a = %f",a);
}
```

运行结果：

```
a = 12.350000
```

由于 (int) 的作用，(int) (a∗100+0.5) 运算的结果为整型 1235，除 100.0 运算时自动转换为实型 12.350000，所以结果为 12.35。

第3章　运算符与表达式

学习目标

1. 掌握C语言中运算符和表达式的种类、优先级和结合性。

2. 掌握C语言运算符和表达式的求值规则和特点，包括算术、关系、条件、赋值、逗号、位等运算符。

3. 掌握不同类型的表达式与变量之间的赋值与转换规律。

3.1　运算符与表达式的概念

3.1.1　运算符

1. 运算符的分类（见表3-1）

表3-1　运算符的分类

运算符类型	运算符	说明
算术运算符	+　-　*　/　%　++　--	针对数值进行算术运算
赋值运算符	=	将表达式值赋值给变量
关系运算符	>　<　>=　<=　==　!=	进行比较大小的运算
逻辑运算符	!　&&　||	进行条件的组合判断
逗号运算符	,	多个表达式的组合
条件运算符	?　:	根据条件判断结果返回相应值
强制类型转换运算符	(类型名)	进行不同类型数据的转换
指针运算符	*　&	指针类型特有的运算
下标运算符	[　]	取数组的元素值
分量运算符	.　->	用于结构体中成员的引用
位运算符	<<　>>　~　|　^　&	对二进制位进行处理
求字节数运算符	sizeof	求变量存取的字节数

2. 运算符的优先级

优先级指多个运算符同时出现在一个表达式中时，先计算优先级高的，见表3-2。

表 3-2　运算符的优先级

优先级层次	运算符	含义	结合方向
1（高）	( ) [ ]　.　-〉	( ) 圆括号，[ ] 数组下标，. 成员选择（对象），-〉成员选择（指针）	左至右
2	!（类型）++ -- *　&　~　sizeof	逻辑非!，（类型）类型转换，++自增、--自减，*取值运算符，& 取地址符，~按位取反，sizeof 长度运算	右至左
3	*　/　%	*乘，/除，%取余	左至右
4	+　-	+加，-减	左至右
5	≪　≫	≪左移，≫右移	左至右
6	〈　〈=　〉=　〉	〈小于，〈=小于等于，〉=大于等于，〉大于	左至右
7	==　!=	==等于，!=不等于	左至右
8	&	按位与	左至右
9	^	按位异或	左至右
10	|	按位或	左至右
11	&&	逻辑与	左至右
12	‖	逻辑或	左至右
13	?:	条件运算符	右至左
14	= /=　*=　%=　+= -=　≪=　≫=	=赋值运算符，/=除后赋值，*=乘后赋值，%=求余后赋值，+=加后赋值，-=减后赋值，≪=左移后赋值，≫=右移后赋值	右至左
15（低）	,	逗号运算符	左至右

3.1.2　运算符的结合性

运算符的结合性指相同优先级的运算符在同一个表达式中时，运算符和操作数的结合方式，即同级运算中先计算运算符的哪一边的操作数。有左结合性和右结合性。

(1) 左结合性（从左至右）先算运算符左边，计算出左边的值后再计算运算符右边。

如：x-y+z　　先执行 x-y 运算，得到 x-y 的值然后再执行+z 的运算。

(2) 右结合性（从右至左）先算运算符右边，计算出右边的值后再计算运算符左边。

如：x=y=z　　先执行 y=z 运算，把 z 赋值给 y，然后再执行 x= 的运算。

3.1.3　表达式

表达式是通过各种运算符把多个运算对象组成的式子，运算对象可以是常量、变量、函数，在C语言中，单个的常量、变量和函数也可以看作一个最简单的表达式。

表达式与运算符有关，表达式里有哪种运算符就称为哪种表达式，C语言中包含算术运算符、关系运算符、赋值运算符等。

表达式说明：表达式无论长短，到最后都应计算出一个确定的值，但结果值是什么类型就要取决于表达式的类型。

表达式的连接与计算规则：表达式只能使用圆括号，且左、右括号个数要相等，表达式必须写在同一行上，多层括号时内层括号中的运算优先。

如把数学算式 $\frac{1}{1+\frac{1}{1+x}}$ 转换成 C 语言表达式

结果应为：

1/(1+1/(1+x))

3.2 算术运算符与算术表达式

3.2.1 算术运算符的分类

算术运算符的分类如表 3-3 所示。

表 3-3　算术运算符的分类

运算符	说明	双目/单目	结合性	举例
+	加法运算符（也表示正号）	双目	左至右	5+6，+100，a+b
—	减法运算符（也表示负号）	双目	左至右	63—25，—30
*	乘法运算符	双目	左至右	2*8
/	除法运算符（结果取整）	双目	左至右	14/3（值为 4），—9/4（值为—2）
%	取模（求余）运算符（相除取余数）	双目	左至右	14%3（值为 2）—9%4（值为—1）
++	自增运算符（对变量加 1）	单目	右至左	i++，++i
——	自减运算符（对变量减 1）	单目	右至左	i——，——i

注意：减号作为负号使用时，具有右结合性，且是单目运算符。

算术表达式是指用算术运算符和括号等将操作数连接起来的式子，如 a/b+c*2，(a*b)+(b*c)等都是合法的算术表达式。

3.2.2 除法运算符

（1）除法运算符“/”为双目运算符，具有左结合性，如：5/3。

（2）两个整数相除的结果为整数，裁掉小数部分（俗称取整）。如：14/5 结果为 2。

（3）如果参与“/”运算的两个数中有实数，结果为双精度，留下小数。如：14.0/5 结果为 2.8，14.0/5.0 结果为 2.8，（float）10/4 结果为 2.500000，（float）（10/4）结果为 2.000000。

（4）结果的符号取决于参与运算的两边的符号，如果两边符号相同，则结果为正，如果两边符号不同，则结果为负（同正，异负）。如：—5/—3 的结果为 1，5/—3 的结果为—1。

3.2.3 求余运算符

（1）求余运算符“%”为双目运算符，具有左结合性，如：5%3。

（2）要求“%”运算符的两边必须为整数。如 5.5%是非法的。

（3）求余运算符“%”的结果取两数相除的余数，如 5%2 的结果为 1，1%10 的结果为 1，5%1 的结果为 0。

（4）结果的符号与第一个操作数相同，如果第一个操作数为正，则结果为正，如果第一个操作数为负，则结果为负。如 －5％3 的结果为－2，5％－3 的结果为 2。

3.2.4 自增、自减运算符

（1）自增、自减运算符为单目运算符，具有右结合性，如：i＋＋，－－b。

（2）自增、自减运算符不能用于常量和表达式，如 5＋＋，－－230，（a＋b）＋＋是错误的。

自增、自减运算符的作用分别是让变量本身的值加 1 和减 1，相当于加、减表达式的简写，例如：i－ －相当于 i＝i－1；＋＋i 相当于 i＝i＋1。

（3）自增、自减运算符有两种。

1）前置 ＋＋i，－－i：当＋＋或－ －用作变量前面时，先进行变量的值递增（或递减），然后再用变量的新值进行表达式计算。

2）后置 i＋＋，i－ －：当＋＋或－ －用作变量后面时，表达式先用变量的初始值进行计算，然后再进行变量的递增或递减。

【例 3－1】 －－x 与 x－－的比较，若有 int x＝3，y；则执行：

```
y = - - x + 3;
printf("x = %d,y = %d\n",x,y);
```

运行结果：

```
x = 2,y = 5
```

说明： 先执行 x＝x－1，相当于 x＝3－1，此时 x 的当前值变为 2，再执行“y＝x＋3”用改变后的 x 的值 2，相当于 y＝2＋3，所以结果是 x 为 2、y 为 5；若有 int x＝3，y；则执行：

```
y = x- - + 3;
printf("x = %d,y = %d\n",x,y);
```

运行结果：

```
x = 2,y = 6
```

说明： 先执行 y＝x＋3，此时 x 的当前值仍为 3，相当于 y＝3＋3，再执行 x＝x－1 相当于 x＝3－1，故结果是 x 为 2、y 为 6

（4）自增、自减的优先级为 2 级，乘、除、求余的优先级为 3 级，加、减的优先级为 4 级。意味着，当他们出现在一个表达式中，要先算自增、自减，再算乘、除、求余，最后算加、减。

例如：a＝3；b＝5；c＝a＋＋＋5＊b；相当于（a＋＋）＋5＊b，由于 a＋＋是先用原来的值参与运算，后再自增 1，所以先保持 a 的值为 3，计算 5＊b＝25，再用 3＋25＝28，算完后 a 再变为 4，得到 a 为 4，

3.3 赋值运算符与赋值表达式

3.3.1 赋值运算符

赋值运算符“＝”连接的是左边的变量和右边的表达式，作用是把右边的表达式的值赋

值给左边的变量。用左边变量的值作为整个表达式的值，它的一般形式为：

变量　赋值运算符(=)　表达式

如：x=3*6 是一个合法的表达式，表示把右边 3*6 的值赋给左边的变量 x，故 x 的值为 18，即整个表达式的值为 18。

说明：

(1) 赋值运算符为"="，优先级为 14 级，具有右结合性。

(2) C 语言允许用一个赋值语句对多个变量赋值，且具有右结合性，如：a=b=c=5 可理解为 a=(b=(c=5)) 的结果为 a 的值、b 的值及 c 的值都为 5。

(3) "=" 左侧必须是变量，不能是常量或表达式。如：3=x-2*y；和 a+b=3；是错误的。

(4) 赋值表达式中的"表达式"又可是一个赋值表达式。如：x=(a=8)+(b=12) 先算第一个括号内的赋值表达式，是把 8 赋给 a，故 a 的值为 8，再算第二个括号，把 12 赋给 b，最后把 a+b 相加的值赋给 x。x 的值为整个表达式的值。也就是 a=8，b=12，x=20，整个赋值表达式的值为 20。

3.3.2　赋值转换规则

当赋值运算符两边的类型不一样时，使赋值号右边表达式值自动转换成其左边变量的类型，见表 3-4。

表 3-4　赋值过程中的类型转换

变量类型（左边）	表达式类型（右边）	转换方式
整型	实型	舍去小数部分
实型	整型	小数部分补 0
单精度实型	双精度实型	截取小数部分，只留下 7 位有效数字
双精度型	单精度型	小数部分补齐 0 到 16 位
字符型	整型	低 8 位送至变量一字节的存储单元
整型	字符型	ASCII 码送至整型变量低 8 位

(1) 实型赋予整型，舍去小数部分：

```
main( )
{  int a;
   a = 5.82638;
   printf(" %d",a);
}
```

(2) 整型赋予实型，小数部分补 0：

```
main( )
{  float a;
   a = 5;
```

```
    printf("%f",a);
}
```

3.3.3 复合的赋值运算符

在赋值符“=”之前加上其他二元运算符可构成复合赋值符。如+=，-=，*=，/=,%=都是复合赋值符，见表3-5。

表3-5 复合赋值运算符

运算符	运算规则	运算对象	运算结果	结合性
+=	a+=b相当于a=a+(b)	数值型	数值型	自右向左
-=	a-=b相当于a=a-(b)			
*=	a*=b相当于a=a*(b)			
/=	a/=b相当于a=a/(b)			
%=	a%=b相当于a=a%(b)	整型	整型	

例如：

```
i+=3          相当于i=i+(3)
x*=x+y        相当于x=x*(x+y)
a*-a          相当于a=a*a
```

(1) 若有int a=6，b=3；则a*=b+=2后a，b的值的结果会为多少？

相当于a=a*(b=b+2)，得到a=30。

(2) 当i为2时，则表达式i*=i+=i*3的结果会为多少？

先计算i+=i*3，相当于i=i+(i*3)，i的值变为8，再计算i=i*8，注意此时a值已经变为8，不再是2，因此应该计算8*8=64，最终变量i的值为64。

3.4 关系运算符与关系表达式

关系表达式的功能是判断关系运算符左右两边运算对象的大小关系，关系表达式的值为逻辑值，有“真”和“假”两种值，如果关系成立，则结果为“真”，用1来表示；如果关系不成立则结果为“假”，用0来表示（真1假0）。如3>5不成立为0，8<100成立为1。关系运算符见表3-6。

表3-6 关系运算符

运算符	名称	优先级	运算结果	结合性
>	大于	6级	逻辑值（整型）成立为1 不成立为0	左结合性
<	小于			
>=	大于等于			
<=	小于等于			
==	等于	7级		
!=	不等于			

例如：

若有x=3,y=2,a=6,d=6.3,试判断以下表达式的值。

```
1) x+a>a-x    /*3+6>6-3 成立,所以表达式成立,结果为 1*/
2) d<20/3     /*20/3=6,6.3 <6 不成立,所以表达式不成立,结果为 0*/
3) 'a'<a      /*字符'a'的值为 97,变量 a 的值为 6,97<6 不成立,结果为 0*/
4) 2<100<10   /*由于左结合性,所以先计算 2<100 成立,结果为 1,再判断 1<10 成立,所以表达式
                成立,结果为 1*/
```

说明：

（1）在使用过程中，一定要注意＝＝与＝的区别，如果要判断是否相等，在判断值是否相等时，要使用关系运行符“＝＝”，不要写错。

（2）判断变量 a 是否在区间（0，10）内时，在 C 语言中要写成 0<a&&a<10，不可出现 0<a<10。

3.5　逻辑运算符与逻辑表达式

除了关系运算符外，C 语言还有如下 3 个逻辑运算符，见表 3-7。逻辑运算符的值为逻辑值“真（1）”“假（0）”。

表 3-7　逻辑运算符与表达式

运算符	说明	结合性	优先级
！（逻辑非）	！1 为 0，！0 为 1	右结合性	2 级
&&（逻辑与）	1&&1 为 1，0&&0 为 0 0&&1 为 0，1&&0 为 0	左结合性	11 级
‖（逻辑或）	1‖1 为 1，0‖0 为 0 0‖1 为 1，1‖0 为 0	左结合性	12 级

从表 3-7 可总结出如下规律。

！（逻辑非）：遇到！，真变假，假变真。

&& 运算：只有两边都为真时，结果为真，否则为假，等价于日常用语“同时”的含义。

‖运算：只有两边都为假时，结果才为假，否则都为真，等价于日常用语“或者”的意思。

例如：

（1）5>3&&2<6　5>3 成立为 1，2<6 成立为 1，两边都成立代表 1&&1 结果为 1。

（2）8<2&&2<6　8<2 不成立为 0，3>2 成立为 1，有一个不成立代表 0&&1 结果为 0。

（3）8<2‖2<6　8<2 不成立为 0，3>2 成立为 1，有一个成立代表 0‖1 结果为 1。

（4）！3　3 为真代表 1，！1 的结果为 0，故！3 的结果为 0。

（5）！0　的结果为 1。

（6）−36&&！'b'　−36 为真为 1，因'b'为真为 1，故！'b'为 0，1&&0，结果为 0。

注意：

在C语言中，1及非0的整型或实数或字符型均可以代表逻辑真，只有0和‘\0’代表假。

逻辑运算符与其他运算符优先级的关系可表示如下。

（从低到高依次为）赋值运算符 ⟶关系运算符 ⟶算术运算符 ⟶ （非）

例如：

(1) a>>b&&c>d　等价于 (a>b)&&(c>d)。

(2) ！c==a‖a<b 等价于 ((！c)==a)‖(a<b)。

(3) 8>6‖3〉2&&！(1>0)　　等价于 (8>6)‖(((3>2)&&(！(1>0))) 结果为1。

(4) ！8*3+！0*6　　等价于 (！8)*3+(！0)*8，结果为6。

说明：

(1) (&&) 运算，当&&前为假时，则&&后的表达式将不进行运算，结果即为假。

如：a&&b&&c，只在a为真时，才判断b的值，只有a和b都为真时，才判断c的值。

(2) (‖) 运算，当‖前为真，则不进行‖后面的运算，结果即为真。

如：a‖b‖c，只在a为假时，才判断b的值，只有a和b都为假时，才判断c的值。

(3) 首先是按从左至右的顺序，再考虑运算符的优先级和结合性。

例如：

1) 若有 int　a=5，b=1，c；

```
c = (a = 0)&&(b = 3);
printf("a = %d,b = %d,c = %d",a,b,c);
```

运行结果：

```
a = 0,b = 1,c = 0
```

先执行 (a=0)，此时a的值变为0，根据短路特性：当&&前为假时，则&&后的表达式将不进行运算，结果即为假，&&的前为假，故后面的 (b=3) 将不进行运算，b的值不改变，把假 (0) 这个结果给c，c=0。

2) 若有 int　a=5，b=1，c；

```
c = (a>0) || (b = 3);
printf("a = %d,b = %d,c = %d",a,b,c);
```

运行结果：

```
a = 5,b = 1,c = 1
```

先执行 (a>0)，5>0成立为真，根据短路特性：当‖前为真，则不进行‖后面的运算，结果即为真，故后面的 (b=3) 将不进行运算，b的值不改变，直接把真 (1) 赋给c，c为1。

3.6 逗号运算符与逗号表达式

3.6.1 逗号运算表达式

逗号表达式指用逗号把多个表达式连接起来，其格式为：

〈表达式〉,〈表达式 2〉,…,〈表达式 n〉

3.6.2 逗号运算值

逗号表达式从左至右依次运算每个表达式的值，以最后那个〈表达式 n〉的值作为整个逗号表达的值。

举例：a=3*5，a*4

说明：整体为逗号表达式，先执行 a=3*5=15，此时 a 被赋值为 15，再 15*4，运算结果为 60，表达式值 60。

举例：a=3*5，a*4，a+5

说明：整体为逗号表达式，先执行 a=3*5=15，此时 a 被赋值为 15，再 15*4，后 15+5=20，故 a=15，表达式值 20。

举例：x= (a=3，6*3)

说明：整体为赋值表达式，先执行 a=3，后把 6*3 的值赋给 x，表达式值 18，x=18，a=3。

注意：

对于逗号运算表达式，要关注在从左至右的运算过程中，变量值的改变，一经改变必须使用改变后的值参与后续的运算。

3.7 条件运算符与条件表达式

3.7.1 条件表达式

条件表达式由条件运算符“?:”构成，是C语言中的三目运算符，格式如下。

〈表达式 1〉?〈表达式 2〉:〈表达式 3〉

3.7.2 求值规则

如果〈表达式 1〉的值为真，则整个条件表达式的值为〈表达式 2〉的值。如果〈表达式 1〉的值为假，则整个条件表达式的值为〈表达式 3〉的值。条件表达式相当于两路分支选择语句的简化形式。例如：

(1) 若有：int a=5,b=5,c=5;

则执行表达式 (a==b)?c=1:0 后表达式的值和 a，b，c 的值分别为：表达式为 1，a=2，b=2，c=1。

(2) 若有：int a=2,b=2,c=2;

则执行表达式 s= (a!=b)?c=1:5 后表达式的值和 a，b，c 的值分别为：表达式为 5，

s=5，a=2，b=2，c=2。

(3) 假设a=2，b=8，则执行d=((a+1==3)?(b=a+2):a+3)后的值是什么？

先判断a+1==3成立，所以执件表达式2：b=a+2，b的值变为4，整个表达式d的值也为4，由于a+1==3是判断是否相等，并不是赋值，所以a的值不变，故结果为a=2，b=4，d=4。

注意：

(1) 条件运算符的优先级为13级。低于关系运算符和算术运算符，高于赋值和逗号运算符。

先执行后面的条件运算符a>b?a:b，再把结果赋值给s。

(2) 在一个条件表达式中可包含很多个条件表达式，即条件表达式可嵌套。

(3) 条件表达式具有右结合性。

如：max=a>b?a>c?a:c:b>c?b:c 相当于：max=(a>b?(a>c?a:c):(b>c?b:c))。

如果a>b成立，则执行(a>c?a:c)，并以(a>c?a:c)的值返回给max。如果a>b不成立，则执行(b>c?b:c)，并以(b>c?b:c)的值返回给max。

这就是一个典型的嵌套形式，嵌套比较复杂，最好在适当的位置加上圆括号，以便厘清嵌套的关系。

3.8 求字节数运算符

长度运算符用于计算操作数在内存所占的字节数，返回值为一个整数，其操作数可以是任何类型说明符或变量，是一个单目运算符，一般格式为：

sizeof(类型名或类型说明符或变量)

【例3-2】

```
#include <stdio.h>
main( )
{ int x=256;
  float y=3.141592;
  char ch='a';
  char s[100]="abcdefgh";
printf("sizeof(int)=%d\n",sizeof(int));
printf("sizeof(x+6666)=%d\n",sizeof(x+6666));
printf("sizeof(235L)=%d\n",sizeof(235L));
printf("sizeof(double)=%d\n",sizeof(double));
printf("sizeof(abcddgefg)=%d\n",sizeof("abcddgefg"));
printf("sizeof(s)=%d\n",sizeof(s));
printf("sizeof(float)=%d,sizeof(y-3.141592)=%d\n",sizeof(float),sizeof(y-3.141592));
printf("sizeof(char)=%d,sizeof(ch+20)=%d\n",sizeof(char),sizeof(ch+20));
}
```

运行结果：

```
sizeof(int) = 2
sizeof(x + 6666) = 2
sizeof(235L) = 4
sizeof(double) = 8
sizeof(abcddgefg) = 10
sizeof(s) = 100
sizeof(float) = 4, sizeof(y - 3.141592) = 8
sizeof(char) = 1, sizeof(ch + 20) = 2
```

3.9　位运算符与位表达式

C 语言有一个独有的特征是 C 语言可以直接访问物理地址，能进行位运算，能对硬件进行操作，数据是按二进制形式存放的，因此，所谓的位运算是指进行二进位的运算。

3.9.1　位运算符

C 语言中的位运算的优先级及作用见表 3-8。

表 3-8　位运算的优先级及作用

运算符	优先级	名称	双目/单目	结合性	规则
|	10	按位或	双目	左至右	若两个相应的二进制位至少有一个为 1，则该位的结果为 1，否则为 0
^	9	按位异或	双目	左至右	若两个二进制位同号，则结果为 0，异号为 1
&	8	按位与	双目	左至右	若两个相应的二进制位都为 1，则该位的结果为 1，否则为 0
<<	4	左移	双目	左至右	将一个数的二进制位全部左移若干位
>>	4	右移	双目	左至右	将一个数的二进制位全部右移若干位
~	2	取反	单目	右至左	按位取反，1 变 0

说明：

（1）位运算是对字节或字中的实际位进行检测、设置或移位，它只适用于字符型和整数数据。

（2）关系运算和逻辑运算表达式的结果只能是 1 或 0，而位运算的结果可以取 0 或 1 以外的值。

（3）位运算是对运算量的每一个二制位分别进行运算。

3.9.2　按位与运算

按位与运算符“&”是双目运算符。其功能是参与运算的两数各对应的二进制位相与。参与运算的数以补码方式出现。

（1）运算规则：如果两个运算量相应的二进制位都为 1，则该位结果为 1，否则为 0。

例如：9&5 可写算式如下：

```
      00000000 00001001        (9 的二进制补码)
   &  00000000 00000101        (5 的二进制补码)
结果  00000000 00000001        (1 的二进制补码)
```

可见 9&5=1。

(2) 用途：按位与运算通常用来对某些位清 0 或保留某些位。

1) 要想将一个数某一位清零，就与一个数进行 & 运算，此数在该位取 0。

2) 要想将一个数某一位保留下来，就与一个数进行 & 运算，此数在该位取 1。

3) 要想将一个数某些位保留下来，就与一个数进行 & 运算，此数在这些位全为 1，不想要的位全为 0。

例如：a 的值为 121，想要保留 a 的第 11 位和第 16 位，其他位清零。

先把 121 转换成二进制补码形式 00000000 01111001，再进行 & 运行，因为要保留第 11 位和第 16 位，故在第 11 位和第 16 位上 1。为

```
        00000000      01111001
      & 00000000      00100001
结果:   00000000      00100001
```

转换成十进制为 33，因此只需将 a&33 就可保留第 11 位和第 16 位。

例如：把 a 的高八位清 0，保留低八位，可作 a&255 运算（因为 255 的二进制数为 0000000011111111）。

3.9.3 按位或运算

按位或运算符"|"是双目运算符。其功能是参与运算的两数各对应的二进制位相或。参与运算的两个数均以补码出现。

(1) 运算规则：如果两个运算量相应二进制位有一个为 1，则该位结果为 1，否则为 0；

例如：9|5 可写算式如下：

```
  00001001
| 00000101
  00001101         (十进制为 13)可见 9|5 = 13
```

(2) 用途：与 0 进行按位或运算，各位数不变；与 1 进行按位或运算，均变为 1。

例如：如果想使第 2 位、第 5 位、第 7 位的值变成 1。

```
      10100010
|     01001010
结果：11101010        (十进制为 234)
```

3.9.4 按位异或运算

按位异或运算符"^"是双目运算符。其功能是参与运算的两数各对应的二进制位相异或，参与运算数仍以补码出现。

(1) 运算规则：如果两个运算量相应二进制位异或（即一位为 1，一位为 0）为 1，两个运算量相同（即两位均为 1 或 0）为 0；

例如 9^5 可写成算式如下：

```
        00001001
^       00000101
结果: 00001100          (十进制为 12)
```

(2) 用途：与 1 相异或，翻转（1 变 0，0 变 1）；与 0 相异或，保留原值；交换两个值；

3.9.5　求反运算

求反运算符"～"为单目运算符，具有右结合性。其功能是对参与运算的数的各二进制位按位求反，参与运算数仍以补码出现。

例如～9 的运算为：

```
   ～  0000000000001001
结果:  1111111111110110
```

3.9.6　左移运算

左移运算符"<<"是双目运算符。其功能是把"<<"左边的运算数的各二进制位全部左移若干位，由"<<"右边的数指定移动的位数，高位丢弃，低位补 0。

【例 3-3】左移运算（<<）举例。

```
#include <stdio.h>
main( )
{
    int a = 3,c,x = 2,y;
    c = a <<4;
    y = x <<2;
    printf("a = %d,c = %d\n",a,c);
    printf("x = %d,y = %d\n",x,y);
}
```

运行结果：

```
a = 3,c = 48
x = 2,y = 8
```

c=a <<4；指把 a 的各二进制位向左移动 4 位。

```
          a    00000000 00000011 (十进制 3)
   左移 4 位后  00000000 00110000 (十进制 48)
```

y=x <<2；指把 x 的各二进制位向左移动 2 位。

```
          x    00000000 00000010      (十进制 2)
   左移 2 位后  00000000 00001000      (十进制 8)
```

说明：从上可分析出左移可实现二倍乘运算，左移一位相当于乘 2 一次，c=a <<4，左移 4 位，则乘 4 次 2，相当于 c=3＊2＊2＊2＊2=48，相当于 $c=a*2^4$ ，y=x <<2；则乘 2 次 2，相当于 y=2＊2＊2=8，相当于 $y=x*2^2$。

3.9.7　右移运算

右移运算符">>"是双目运算符。其功能是把">>"左边的运算数的各二进制位全部右移若干位，并舍弃出界的数字，“〉〉”右边的数指定移动的位数。

例如：

```
设a = 15,b;
  b = a〉〉2
  a      00000000 00001111
右移为     00000000 00000011(十进制 3)
```

说明：对于有符号数，在右移时，符号位（最高位）将随同移动。当为正数时，最高位补 0，而为负数时，符号位为 1，最高位是补 0 或是补 1 取决于编译系统的规定。Turbo C 和很多系统规定为补 1。

【例 3-4】右移运算（〉〉）举例。

```
#include <stdio.h>
main( )
{
    int a = 23,c,x = 19,y;
    int z = -8,t;
    c = a>>3;
    y = x>>2;
    t = z>>2;
    printf("a = %d,c = %d\n",a,c);
    printf("x = %d,y = %d\n",x,y);
    printf(" %d>>2 = %d",z,t);
}
```

运行结果：

```
a = 23,c = 2
x = 19,y = 4
-8>>2 = -2
```

c=a 〉〉3；指把 a 的各二进制位向右移动 3 位。

a 00000000 00010111 （十进制 23）

右移 3 位后 00000000 00000010 （十进制 2）

y=x 〉〉2；指把 x 的各二进制位向右移动 2 位。

x 00000000 00010011 （十进制 2）

右移 2 位后 00000000 00000100 （十进制 4）

t=z 〉〉2；指把 z 的各二进制位向右移动 2 位。

z 11111111 11111000 （十进制 4）

右移 2 位后 11111111 11111110 （十进制−2）

从上可分析出右移相当于整除 2 的运算，右移一位相当于整除 2 一次，c=a〉〉3；a 右移 3 位，则进行 3 次整除 2。相当于（23/2/2/2)=2，y=x〉〉2；右移 2 位，则进行 2 次整除 2，相当于（19/2/2)=4。

第 4 章 数据的输入和输出

学习目标

1. 掌握 C 语言中数据的输入和输出的方式及相关函数。

2. 掌握 C 语言 printf（）、putchar（）、puts（）、scanf（）、getchar（）、gets（）等输入输出函数的功能和格式，并能够熟练运用。

4.1 按格式输出函数 printf

从客观上来说，一个项目或任务是否完成是通过有无结果来判断的，程序也不例外，一个完整的程序，应该有输入输出操作，而在 C 语言中，输入与输出的功能是由库函数提供的一些函数来实现的。

C 语言的库函数提供了一批标准输入输出函数，包括格式输出函数 printf、字符输出函数 putchar，字符串输出函数 puts、按格式输入函数 scanf，字符输入函数 getchar、字符串输入函数 gets 等。在使用系统库函数时，要在程序的开头用预处理指令 # include 把有关的头文件包含在本程序中。如用到标准输入输出函数时应使用 # include 〈stdio. h〉 或 # include "stdio,h"。

printf 函数用于按用户指定的格式向终端输出数据。printf 的一般形式为：

```
printf("格式控制字符", 输出项例表);
```

printf 函数称为格式化输出函数，按用户指定的格式，把一个或多个数据输出到显示器屏幕上。其关键字最末一个字母 f 是 format 的缩写，即为“格式”的意思。其中“格式控制字符串”用于指定输出数据的格式。

（1）格式控制字符串由格式字符串和非格式字符串（普通字符）两种组成。格式字符串是以%开头的字符串，在%后面跟有各种格式字符，以说明输出数据的类型、形式、长度、小数位数等。如：

“%d” 表示按十进制整型输出。

“%ld” 表示按十进制长整型输出。

“%c” 表示按字符型输出。

“%f” 表示按进制实型数据输出。

“%s” 表示按字符串输出。

（2）非格式字符串在输出时原样输出，在输出中起提示作用。

(3) 输出表列中给出了各个输出项，要求格式字符串和各输出项在数量和类型上应该从左到右一一对应。

4.1.1 整数的输出

1. d格式符

按十进制整型数据的实际长度输出一个有符号的整数，对应的输出项的内容可以是整数，也可以是字符。d格式有以下几种用法。

(1)%d：按十进制整型数据的实际长度输出。

(2)%md：m为指定输出数据的宽度（所占的列数）。如果指定数据的位数小于m，则左边补空格，若位数大于m，将按实际位数全部输出。

(3)%－md：m为指定输出数据的宽度（所占的列数）。如果指定数据的位数小于m，则右边补空格，若位数大于m，将按实际位数全部输出。

(4)%0md：数据的位数小于m，则左补0，数据的位数大于m，则按实际位数输出。

(5)%ld：用来输出长整型数据，(%mld、%－mld同%md和%－md的用法一样)。

下面演示在不同格式下数字12345的输出形式。

```
printf("%d",12345);         1 2 3 4 5
printf("%8d",12345);              1 2 3 4 5
printf("%2d",12345);        1 2 3 4 5
printf("%-8d",12345);       1 2 3 4 5
printf("%08d",12345);       0 0 0 1 2 3 4 5
```

【例4-1】%d的格式的使用。

```
main( )
{
int  n1=111;
long n2=123456;
printf("n1=%d,n1=%4d,n1=%-04d,n1=%2d\n",n1,n1,n1,n1);
printf("n2=%ld,n2=%10ld,n2=%2ld\n",n2,n2,n2);
}
```

运行结果：

```
n1=111,n1=□111,n1=111□,n1=111
n2=123456,n2=□□□□123456,n2=123456
```

注意：

□表示空格，%－04d，当－和0在一起时，0将不起作用，故答案仍为111□。

2. o格式符

按八进制整数形式输出，输出的数值不带符号，即不会是负数，如输出项是十进制或十六进制，系统自动将其转换成八进制后再输出。常用格式如%o,%mo,%－mo等，作用同%d。

例如：

```
int a = -1;
printf("%d\t%o\n",a,a);
```

运行结果：

```
-1      177777
```

说明：－1 是十进制整数，在内存中占 2 字节，而整数在内存中以补码的形式存放，故如下所示。

```
11111111      11111111
```

%d（十进制整数形式）输出 a 时，得到－1，用%o（八进制整数）输出时，按内存单元中实际的二进制形式转换成八进制为 177777。

3. x 格式符

按十六进制整数形式输出，输出的数值不带符号，即不会是负数，如输出项是十进制或八进制，系统自动将其转换成十六进制后再输出。

例如：

```
int a = -1;
printf("%d\t%o\t%x\n",a,a);
```

运行结果：

```
-1      177777      ffff
```

说明：－1 用%o 输出为 177777，用%x 为 ffff。－2 用%o 输出为 17776，用%x 为 fffe。

后面的请读者自行分析。

4. u 格式符

用来输出无符号（unsigned）型数据，以十进制整数形式输出。无符号型数也可以用%o 或%x 格式输出。常用格式：%u，%mu，%lu。

【例 4－2】%u 格式举例。

```
#include <stdio.h>
main( )
{
  unsigned int a = 65535;
  int b = -2;
  printf("%%d a = %d\t %%u a = %u\n",a,a);
  printf("%%2u a = %2u\n",a);
  printf("%%d b = %d  \t%%u b = %u\n",b,b);
  printf("%%8u b = %8u \n",b);
}
```

运行结果：

```
%d a= -1   %u a=65535
%2u a=65535
%d b= -2        %u b=65534
%8u b=    65534
```

说明：

%%：表示输出%。

a=%d：%d的取值范围是－32768～32767，而a的值65535超出65535－32767=32768个，根据%d溢出公式，－32768＋(超出数－1) 为－32768＋(32768－1)=－1，所以a=%d的值为a=－1。

a=%u：%u取值范围是0～65535，故没有超出，所以a=%u是a=65535。

%%2u：表示总宽度为2，而65535有5位，所以2不起作用，所以a=%2u的值是65535。

b=%u：－2用%u输出是65534。

b=%8u：表示总宽度为8位，－2用%u输出是65534只有5位，所以左补3个空格。

－1用%u输出为65535。

－2用%u输出为65534。

4.1.2 实数的输出

1. f格式符

以小数形式输出实数，f格式有以下几种用法。

(1)%f：以小数形式输出实数，整数部分全部输出，小数部分输出6位。

(2)%m.nf：m是正整数，表示输出数据共占m位（包括小数点占一位）；n是正整数，表示小数位数。如果指定数据的位数小于m，则右边补空格，若位数大于m，将按实际位数全部输出。如果小数部分位数小于n，则右补0，如小数部分位数大于n，则最后一位四舍五入。

如：123.456；

7列　　说明m为7，整数部分包括小数点占4位，小数部分占3位。

(3)%－m.nf：m和n作用同上，负号表示数据向左靠，右端补空格。

(4)%lf：输出双精度实型数据。

【例4-3】%f格式举例。

```
main( )
{
  printf("%8.2f\n",123.426789);
  printf("%-8.2f\n",123.423789);
}
```

运行结果：

```
□□123.43
123.42□□(【注】□表示空格)
```

2. e 格式符

用于按指数形式输出实数，形式有如下几种。

%m. ne 和%－m. n，其中“－”字符的含义与前相同，m 是正整数，表示输出数据共占 m 位（包括小数点占一位）；n 是正整数，表示小数位数。

如：

```
printf("%13.3e\n",123.426789);
```

运行结果：

□□□□□1.23e+02　(□代表空格)

说明：□□□□□　1.　23　e+02

5 列　2 列　2 列　4 列　共 13 列

若不指定 m 和 n 的值，则 C 编译系统自动按规范化指数形式输出（即小数点前必须有且只有一位非零数字）尾数中的小数部分占 5 位；指数部分占 4 位，其中 e 占一位，指数符号占一位，指数占 2 位（如 e+02），共 11 位（不同系统的规定略有不同）。如，3. 33333e+02。

如：

```
printf("%e\n",123.426529);
```

运行结果：

1.23427e+02　(共 11 列)

下面演示在不同格式下数字 x=98.7658 的输出形式。

```
printf("%f",x);             9 8 . 7 6 5 8 0 0
printf("%7.2f\n",y);            9 8 . 7 7
printf("%-7.2f\n",y);       9 8 . 7 7
printf("%e\n",y);           9 . 8 7 6 5 8 e + 0 1
printf("%10.2e\n",y);             9 . 9 e + 0 1
printf("%-10.2e\n",y);      9 . 9 e + 0 1
printf("%11.4e\n",y);           9 . 8 7 7 e + 0 1
```

3. g 格式符

用来输出实数，会根据数值的大小自动选 f 格式或 e 格式（选择输出时占宽度较小的一种），且不输出无意义的零。

例如：

若 f = 123.456;如果执行 printf("%f\n%e\n%g\n",f,f,f);

运行结果：

```
123.456000
1.23456e+02
123.456
```

从上述分析看出用%f 输出占 10 列，用%e 格式输出占 11 列，用%g 格式时，自动从%f 和%e 两种中选择短者，从前面看出%f 为短，并按%f 格式用小数形式输出，最后 3 个小数位为无意义的零，不输出。因此输出 123.456。

一些系统还支持一个特殊的字段说明符，可以让用户在运行程序时定义字段的大小，其形式如下。

```
printf("%*.*f",宽度,精度,数值);
```

这时，字段宽度取决于输出项中的宽度，精度取决于输出项中的精度。

如：

```
printf("%*.*f",8,3,12345);
```

等价于：

```
printf("%8.3f",12345);
```

4.1.3 单个字符的输出

以字符形式输出，只输出一个字符。对应的输出项可以是字符，也可以是 0～255 之间的整数，当输出项是整数时，输出的将是该整数对应的字符。格式有%c,%mc,%−mc。

m 代表宽度，一代表左对齐。

【例 4-4】 %c 格式举例。

```
main( )
{
  printf("[%5c]\n",'A');
  printf("[%5c]\n",65);
  printf("[%-5c]\n",'A');
}
```

运行结果：

```
[□□□□A]
[□□□□A]
[A□□□□]
```

4.1.4 字符串的输出

输出一串字符有以下几种方法。

(1)%s：按字符串的实际长度输出一串字符，以\0 结束输出。

(2)%ms：m 是正整数，表示允许输出的字符串宽度（即所占的列数），如果字符串的位数小于 m，则左边补空格，若位数大于 m，将按实际位数全部输出。

(3)%−ms：m 是正整数，一表示当字符串的位数小于 m，则右补空格。

(4)%m.ns：m 是正整数，表示允许输出的字符串宽度（即所占列数），n 是正整数，表示对字符串截取的字符个数，若 n<m，则左补空格凑足 m 位，若 n>m，则 m 自动取 n 值，即按 n 个实际字符全部输出。

(5)%−m.ns：m 和 n 是正整数，若 n<m，则右补空格凑足 m 位，若 n>m，则 m 自动取 n 值，即按 n 个实际字符全部输出。

下面演示在不同格式下字符串“Hello，World”的输出形式。

说明：“Hello，World”包括（,）在内，共有 11 个字符。

```
printf("%s","Hello,World");          H e l l o , W o r l d
printf("%15s","Hello,World");            H e l l o , W o r l d
printf("%15.7s","Hello,World");                  H e l l o , W
printf("%-15.7s","Hello,World");     H e l l o , W
printf("%.8s","Hello,World");        H e l l o , W o
printf("%3.8s","Hello,World");       H e l l o , W o r l d
```

附加字符指的是格式字符前面的字符，如 l，m，n，一等都是附加字符，起补充声明的作用。为了方便查阅，表 4-1、表 4-2 分别列出了 printf 中用到的格式字符与附加字符。

表 4-1　printf 格式字符

格式字符	意义
d	以十进制形式输出带符号整数（正数不输出符号）
o	以八进制形式输出无符号整数（不输出前缀 0）
x，X	以十六进制形式输出无符号整数（不输出前缀 Ox）
u	以十进制形式输出无符号整数
f	以小数形式输出单、双精度实数，默认输出 6 位小数
e，E	以指数形式输出单、双精度实数
g，G	以%f 或%e 中较短的输出宽度输出单、双精度实数，且不输出无意义的零。
c	输出单个字符
s	输出字符串

表 4-2　printf 附加字符（如 %m. nf 和 %m. ns 等）：

标志	意义
—	结果左对齐，右边填空格
m（正整数）	数据最小宽度
n（正整数）	对实数表示输出 n 位小数，对字符串表示截取的字符个数
字母 l	用于长整型整数，可以加在格式符 d，o，x，u 前面。

4.2　格式输入函数 scanf

4.2.1　scanf 函数的格式

scanf 函数按用户指定的格式从键盘上把数据输入指定的变量之中。scanf 的一般形式为：

```
scanf("格式控制字符串",地址列表);
```

scanf 函数称为格式输入函数，它可以按用户指定的格式从键盘上把数据输入指定的变量中。

格式控制字符串含义同 printf，“地址列表”是由若干个地址组成的表列，可以是变量的地址或字符串的首地址。

说明：

（1）地址列表中给出各变量的地址。地址是由地址运算符“&”后跟变量名组成的。

例如：&a, &b 分别表示变量 a 和变量 b 的地址。这个地址就是编译系统在内存中给 a，b 变量分配的地址。变量的地址是 C 编译系统分配的，用户不必关心具体的地址是多少。

（2）变量地址表由若干个被输入数据的地址组成，相邻地址之间用逗号分开。地址表中的地址，可以是变量的地址，也可以是字符数组名或指针变量。

（3）〈格式控制字符串〉和〈地址列表〉的关系是数量、类型及位置，要从左至右一一对应，在〈格式控制字符串〉中指定变量接收输入值的位置和格式。

例如：从键盘上输入 3 个整数：scanf（“%d, %d, %d”, &a, &b, &c）;

【想一想】

如果格式控制字符串与变量地址没有一 一对应时，会出现什么结果？如：scanf（“%d, %d”, &a, &b, &c）; scanf（“%d”, &a, &b, &c）;

4.2.2 格式控制字符串

格式控制字符串的一般形式为：

```
%[*][输入数据宽度][长度]类型
```

其中有方括号 [] 的项为任选项。

类型：表示输入数据的类型，其字符格式及意义见表 4-3。

表 4-3 字符格式及意义

字符格式	意义
d	输入十进制整数
o	输入八进制整数
x	输入十六进制整数
u	输入无符号十进制整数
f 或 e	输入实型数（用小数形式或指数形式）
c	输入单个字符
s	输入字符串
标志	意义
—	结果左对齐，右边填空格
h	用于输入短整型数据（%hd,%ho,%hx）
m	指定要输入的数据的字段宽度或列数
字母 l	用于输入长整型数据（ld,%lo,%lx,%lu）及 double 型数据（lf，le）
*	抑制符号，表示本输入项在输入后不赋给任何的变量

附加格式说明符：

（1）宽度 m：指定输入数据的列宽为 m。即，只接收输入数据中相应的 m 位，赋给对应的变量，多余部分舍去。例如：

```
scanf("%2c%c",&c1,&c2);
printf("c1=%c,c2=%c\n",c1,c2);
```

如果输入“abcd”，则系统将读取的“ab”中的“a”赋给变量c1；将读取的“cd”中的“c”赋给变量c2，所以printf（）函数的输出结果为：c1=a，c2=c。

【想一想】

1. scanf("%5d",&a);

输入：12345678　则a的值是__________

2. scanf("%4d%4d",&a,&b);

输入：12345678　则变量a，b的值是________________

（2）抑制符号 *：该字符可以使对应的数据输入后被抑制，不赋给任何变量。例如：

```
scanf("%2d%*2d%2d",&x1,&x2);
printf("x1=%d,x2=%d\n",x1,x2);
```

如果输入112233↙，则输出结果为：________________

（3）字符l——%ld.%lo,%lx,%lu，用于输入长整型数据;%lf,%le，用于输入实型数据。

（4）字符h——%hd.%ho,%hx，用于输入短整型数据。

【例4-5】 scanf输入举例。

```
#include <stdio.h>
main( )
{
  int a,b,c;
  float x,y,z;
  scanf("%d%d%d",&a,&b,&c);
  scanf("%f,%f,%f",&x,&y,&z);
  printf("%d,%d,%d",a,b,c);
  printf("%f,%f,%f",x,y,z);
}
```

要想使a的值为1，b的值为2，c的值为3，x的值为5.2，y的值为6.3，z的值为8.8，则运行时按以下方式输入各变量的值。

```
1□2□3↙
5.2,6.3,8.8↙注:□代表空格,↙代表回车
```

说明： &a，&b，&c，&x等中的“&”是“地址运算符”，&a是指a在内存中的地址。scanf("%d%d%d",&a,&b,&c);的作用是按照a，b，c在内存的地址将a，b，c的值存进去。从上面程序可以看出两个scanf的输入方式不一样，下面详细讲解。

4.2.3 scanf 函数的使用

（1）scanf 函数中的“格式控制”后面应当是变量地址，而不能是变量名。例如：若变量 a、变量 b 和变量 c 都是整型变量，则应写成

```
scanf("%d%d%d",&a,&b,&c);
```

（2）如果格式控制中有普通字符，则在输入数据时在对应的位置上应原样输入这些字符。若有：

```
scanf("a=%d:b=%d,%d",&a,&b,&c);
```

输入应为：a=1：b=2，3〈回车〉(注意在对应位置上输入同样的字符，包括冒号（:）逗号（,）、空格等。

（3）在输入多个数值数据时，若格式控制串中没有非格式字符作为输入数据之间的间隔，则可用空格、Tab 或回车作为间隔。例如，%d%d%d 表示按十进制整数形式输入 3 个数据，输入时可用一个或多个空格、Tab 或回车作为间隔。例如：

1）7□8□9↙

2）7↙

8□9

3）7（按 Tab 键）8↙

9

注意：

□代表空格，↙代表回车

%d%d%d 输入时不能用逗号、冒号等作为两个数据间的分隔符，如 7，8，9↙或 7：8：9 等都是不合法输入。

（4）%md：m 是一个整数，指定要读取的数据的字段的宽度，d 表示要读取的是整型数据。如：

```
scanf("%2d%5d",&a,&b);
```

假设输入数据为 123456789↙　则 a 的值为 12，b 的值为 34567。值 89 未被读取。

（5）抑制符号 *，该字符可以使对应的数据输入后被抑制，不赋给任何变量。例如：

```
scanf("%2d%*2d%2d",&x1,&x2);
printf("x1=%d,x2=%d\n",x1,x2);
```

如果输入 112233↙，则输出结果为：　x1=11，x2=33。

x1 取第一个%2d 的值，读取 11，%*2d 读取 22，但有 * 被抑制，不赋给任何变量，所以 22 被忽略，故 x2 只能取第三个%2d 的值，读取 33。

（6）scanf 函数中没有精度控制，即不能指定实数的小数位数，如：scanf(“5.2f”,&a);是非法的。

（7）在用“%c”格式输入字符时，“空格”和“回车”及“TAB”“转义字符”等都将

作为有效字符输入。例如：

```
scanf("%c%c%c",&c1,&c2,&c3);
```

在运行过程中输入时应连续输入 3 个字符，中间不要有空格或回车等。例如：

abc↙　（字符间没有空格是正确的）

若在两个字符间插入空格就是错误的，例如：

a b c↙　（字符间有空格是错误的）

第一个字符‘a’给 c1，第二个字符是空格字符给 c2，第三个字符'b'给 c3。并不能达到我们想要的结果，所以用%c 输入时一定要特别注意。

若有 scanf("%c %c %c",&c1,&c2,&c3);

则输入时各数据之间必须加空格。

（8）在输入数值数据时，如输入空格、回车等不属于数值的字符，则认为该数据结束。例如：

```
scanf("%d%c%f",&c1,&c2,&c3);
```

若输入：123a456b.23

则 c1 的值为 123，c2 的值为 a，c3 的值为 456。%d 在输入 123 后遇到字符‘a’，因此系统认为该数据结束，就把 123 给了 c1，%c 只能读取一个字符，故把 a 给 c2，%f 在输入 456 后遇到‘b’，系统认为该数据结束，后面的几个数据没有读入。

【例 4-6】整型数据的输入。

```
#include <stdio.h>
main( )
{
  int a,b;
  long c;
  scanf("%2d%3d%ld",&a,&b,&c);
  printf("a=%d,b=%d,c=%ld\n",a,b,c);
  scanf("%o %x",&a,&b);
  printf("a=%d,b=%d\n",a,b);
}
```

运行结果：

```
123456789123↙
a=12,b=345,c=6789123
105 6A↙
a=69,b=106
```

注意：

↙表示输入数据时的结束标志。

说明： 先输入 123456789123 时，%2d 先把前两个字符 12 赋值给变量 a，%3d 把 345 赋值给变量 b，其后的数字全部赋值给长整型变量 c。

再输入 105□6A，中间必须以空格分隔，因为 scanf 中%o %x 间用空格分隔，要对应输入，105 是以%o(八进制形式）赋值给变量 a，以%d(十进制形式）输出则为 69($1*8^2+0*8^1+7*8^0$)，6A 是以%x(十六进制形式）赋值给变量 b，以%d(十进制形式）输出则为 106($6*16^1+10*16^0$)。

【例 4-7】 实型数据的输入。

```
#include <stdio.h>
main( )
{
    float x,y;
    double z;
   scanf("%f",&x);
   printf("x=%f\n",x);
   scanf("%lf",&z);
   printf("z=%16.11lf,z=%e\n",z,z);
   scanf("%6f",&y);
   printf("y=%f\n",y);
}
```

运行结果：

```
0.12345678↙
x=0.123457
10.12345678912345↙
z=10.1234567891,z=1.01235e+01
123.4567↙
z=123.441561
```

说明： 输入 0.12345678↙时，将其赋值给单精度变量 x，用%f(小数形式）输出时，保留 6 位小数，最后一位向前四舍五入，故输出为 x=0.123457，输入 10.12345678912345↙时，将其赋值给双精度变量 z，以%15.10f 形式输出，总宽度为 16，保留 11 位小数，10.12345678912 共 14 位，而总宽度要求为 16，故前面补 2 个空格。用%e（指数形式）输出，小数点前 1 位，小数点占 1 位，小数部分占 5 位，指数部分占 4 位，共 11 位。输入 123.4567↙时，%6f 表示只取前 6 个字符 123.45 赋给单精度型变量 y，在输出时由于精度保留转换有一定误差，输出 123.441561。接近于 123.45。

【例 4-8】 字符型数据的输入。

```
main( )
{
    char c1,c2,c3;
   scanf("%c%c%c",&c1,&c2,&c3);
   printf("c1=%2c,c2=%3c,c3=%4c",c1,c2,c3);
}
```

【想一想】

以下有两种形式的输入方式，请对比分析输出的结果。

1. abc 〈CR〉

则 c1＝a，c2＝b，c3＝c

2. a，b，c 〈CR〉

则 c1＝a，c2＝，c3＝b

如果要在输入“a，b，c〈CR〉”的情况下确保字符'a'，'b'，'c'赋给变量 c1，c2，c3，应如何修改？

4.3　字符数据的输入输出函数

4.3.1　字符输出函数

putchar 函数是单个字符输出函数，其一般格式为：

```
putchar();
```

功能：在显示器上输出字符变量 ch 的值。

说明：

（1）ch 可以是一个字符变量或常量，也可以是一个转义字符，对转义字符则执行控制功能，屏幕上不显示。

（2）putchar 函数用于单个字符的输出，一次只能输出一个字符。

（3）使用本函数前必须要用文件包含命令：＃include 〈stdio. h〉或 ＃include “stdio. h”。

【例 4－9】 输出 BOY 的程序。

```
#include "stdio.h"          /*编译预处理命令:文件包含*/
main( )
  {
    char c1 = 'B', c2 = 'O', c3 = 'Y';
    putchar(c1); putchar(c2); putchar(c3);   /*输出 c1,c2,c3*/
    putchar('\n');                           /*换行*/
    putchar(c1); putchar('\n');          /*输出 c1 的值,并换行*/
    putchar('O'); putchar('\n');             /*输出字符'O',并换行*/
    putchar(c3); putchar('\n');
  }
```

运行结果：

```
BOY
B
O
Y
```

4.3.2　字符输入函数

getchar 函数的一般形式为：

```
getchar( );
```

功能：从键盘上输入一个字符。

说明：

（1）getchar函数只接受从键盘上输入一个字符。数字也按字符处理，输入多于一个字符时，接收第一个字符并返回。

（2）可以把输入的字符赋予一个字符变量或整型变量，构成赋值语句；也可以不赋给任何变量，作为表达式使用。如：

```
char c;
c = getchar( );
```

【例4-10】 getchar（）函数的使用。

```
#include <stdio.h>
main( )
{   char c;
    printf("Please input two character:\n");
    c = getchar( );                     /* 输入一个字符,赋给 c */
    putchar(c); putchar('\n');
    putchar(getchar( ));              /* 输入一个字符,并输出 */
}
```

运行结果：

```
Please input two characters:
xy↙
x
y
```

【想一想】

第二个putchar（getchar( )）；语句为何输出y而不是x?

4.4 字符串数据的输出函数

4.4.1 字符串输出函数

puts函数的一般形式为：

```
puts(<字符串表达式>);
```

功能：puts函数的作用是向终端输出一个字符串。

说明：

（1）puts函数只含上一个参数，参数可以是字符串常量、字符串数组变量和表达式，输出字符串后换行。

（2）puts函数只能输出字符串，不能用于输出数值或进行格式变换。

(3) 对字符数组在定义处赋值，不能使用赋值运算符，必须用字符串复制函数 strcpy 进行赋值。

注意:

使用字符串输出函数前必须要用文件头包含命令：#include 〈stdio. h〉或 #include "stdio. h"和 #include 〈string. h〉或 #include "string. h"

【例 4-11】 字符串的输出程序。

```
#include"stdio.h"
main( )
{
  char c[ ] = "BASIC\nDBASE";
  puts(c);
}
```

运行结果:

```
BASIC
DBASE
```

说明: puts 函数完全可以由 printf 函数取代。当需要按一定格式输出时，通常使用 printf 函数。

4.4.2　字符串输入函数

gets 函数的一般形式为:

```
gets(〈字符数组〉);
```

功能: gets 函数的作用是从终端接收输入一个字符串。

说明:

(1) gets () 函数只含一个参数，参数必须是字符数组，输入字符串并回车后，标志着字符串输入结束，将字符串送到字符数组中，并在末尾自动添加字符串结束标志符。

(2) gets (s) 函数中变量 s 为字符数组名。如果为单个字符，编译链接不会有错误，但运行后会出现“Null pointer assignment”的错误。

(3) gets ( ) 函数与 scanf ( ) 函数相似，但不完全相同，使用 scanf (“%s”, s) 函数输入字符串存在一个问题，就是如果输入了空格会认为输入字符串结束，空格后的字符将作为下一个输入项处理，但 gets ( ) 函数将接收输入的整个字符串直到遇到回车符为止。

【例 4-12】 字符串的输入程序。

```
#include "stdio.h"
main( )
{
  char st[15];
  printf("input string:\n");
```

```
    gets(st);
    puts(st);
}
```

运行结果：

```
input string:this is a book
this is a book
```

说明：当输入的字符串中含有空格时，输出仍为全部字符串。说明 gets 函数并不以空格作为字符串输入结束的标志，而只以回车作为该标志。这与 scanf 函数不同。

第 5 章　程序流程的控制

学习目标

1. 学会正确使用关系运算符和逻辑运算符。
2. 重点掌握三种 if 语句。
3. 能够理解 if 语句的嵌套。
4. 重点掌握 switch 语句。
5. 领会程序设计中构成循环的三要素。
6. 掌握 for、while、do…while 语句的用法。
7. 掌握 break、continue 在循环语句中的作用。

5.1　算法与C语言程序设计

程序设计语言是一个工具，只懂得语言的规则并不一定能编写出高质量的程序，程序设计的关键是设计算法。在计算机科学中，算法是描述计算机解决给定问题的过程，是程序的外在体现。进行程序设计时也需要用户对算法有初步的认识，为后面编写程序打下基础。

5.1.1　程序设计的基本组成

程序是命令的序列，需要由程序语句来决定程序流程的走向，这又与程序控制结构有关。计算机语言提供了若干控制流程的基本结构。程序是由基本结构组成的，每一种结构可以独立，也可以包含一个或多个相同或不同的结构，依靠组成这些结构的语句来控制程序的流程，实现程序的功能。C 语言作为与人类语言非常接近的高级语言，包括 3 种基本结构：顺序结构、选择结构、循环结构。一个程序应包括以下内容。

（1）对数据的描述，在程序中要指定数据的类型和数据的组织形式，即数据结构。在 C 语言中，系统提供的数据结构，是以数据类型的形式出现的。

（2）对数据处理的描述，即计算机算法。算法（Algorithm）是为解决一个特定问题而采取的确定的、有限的方法和步骤，是程序的灵魂。著名计算机科学家沃思（Niklaus Wirth）提出一个公式：程序＝数据结构＋算法。

实际上，一个程序除了数据结构和算法外，还必须使用一种计算机语言，并采用结构化方法来表示。故也有如下公式：程序＝数据结构＋算法＋程序设计方法＋语言工具和环境。

5.1.2 程序设计方法与风格

1. 程序设计方法

程序设计的基本目标是用算法对问题的原始数据进行处理，从而获得所期望的效果。

结构化程序设计的基本思路是把一个复杂问题的解决过程分阶段进行，分析问题时采用“自顶向下，逐步细化”的思想；设计解决方案时采用“模块化、结构化设计”理念；编写程序时采用“结构化编码”方式。

“自顶向下，逐步细化”是对问题的解决过程逐步具体化的一种思想方法。例如，要在一组数中找出最大数。首先，可以把问题的解决过程描述如下。

(1) 输入一组数。

(2) 找出其中的最大数。

(3) 输出最大数。

以上三条中，第 (1)、(3) 两步比较简单，怎么找呢？关键是对第 (2) 步进一步细化。

(1) 任取一数，假设它就是最大数。

(2) 将该数与其余各数逐一比较。

(3) 若发现存在大于假设的数，则取而代之。

再对以上过程进一步具体化，得到如下算法。

(1) 输入一组数。

(2) 找出其中的最大数。

1) 令 max=第一个数。

2) 将第二个数到最后一个数（均设为 x）依次取出。

3) 比较 x 与 max 的大小，如果 x>max，则令 max=x。

(3) 输出 max。

“模块化设计”就是将比较复杂的任务，分解成若干个子任务，每个子任务又分解成若干个子任务，每个子任务只需要完成一项简单的功能。在程序设计时，就用一个个小模块来实现这些功能，每个小模块对应一个相对独立的子程序。采用这种思想就可以由一组人员分别进行编写与调试，然后再组合。

“结构化编码”是指使用支持结构化方法的高级语言编写程序。C 语言就是一种支持结构化程序设计的高级语言，它直接提供了 3 种基本结构语句；提供了定义“函数”的功能，函数相当于独立的子程序。另外，丰富的数据类型为结构化设计提供了有力的工具。

2. 程序设计风格

(1) 选用合适的常量标识符。

(2) 选用有实际意义的标识符作为变量名。

(3) 程序书写采用缩进规则。

(4) 适当的注释。

(5) 适当的交互性。

【例 5-1】 求两数的和。

```
#include <stdio.h>                /* 输入输出类头文件 */
int main( )                       /* 函数首部 */
```

```
{
  int a,b,sum;                    /* 声明部分,定义变量 */
  a = 123;b = 456;               /* 给变量赋值 */
  sum = a + b;          /* 通过加法运算把结果存储在变量单元 */
  printf("sum is %d\n",sum);      /* 输出 sum 的值 */
  return 0;           /* 函数返回值为 0,表示函数正常结束 */
}
```

5.1.3 算法的概念

在日常生活中做任何一件事情，都是按照一定规则一步一步进行的，比如在工厂中生产一部机器，先把零件按工序进行加工，然后把各种零件按一定要求组装成一部完整的机器，这个流程就是算法；在农村种庄稼有耕地、播种、育苗、施肥、中耕、收割等环节，这也是算法。简单地说，算法就是操作的方法和步骤。

用计算机解决问题的方法和步骤，就是计算机的算法。

每一个算法都是由一系列的操作指令组成的。这些操作包括加、减、乘、除、判断等，按顺序、选择、循环等结构组成。所以研究算法的目的就是研究怎样把各种类型的问题的求解过程分解成一些基本的操作。

算法写好之后，要检查其正确性和完整性，再根据它用某种高级语言编写出程序。程序设计关键就在于设计出一个好的算法。所以，算法是程序设计的核心与灵魂。

例如，计算 1＋2＋3＋…＋100 的算法可表示如下。

步骤 1：s＝0；

步骤 2：i＝1；

步骤 3：s＝s＋i；

步骤 4：i＝i＋1；

步骤 5：如果 i≤100，转到步骤 3，否则结束。

在上面的算法中，符号 s、i 表示变量，符号“＝”表示给变量赋值。步骤 1 和步骤 2 表示给变量 s 和 i 赋初始值为 0 和 1；步骤 3 将变量 i 的当前值累加到变量 s 中；步骤 4 使变量 i 在原值的基础上增加 1；步骤 5 判断 i 的值如果小于等于 100，重复做步骤 3 和步骤 4，构成一个循环，而当 i 的值不小于等于 100 时，循环结束，这时变量 s 的值就是要求的计算结果。

5.1.4 算法的特征

通常一个算法必须具备以下 5 个基本特征。

（1）有穷性：一个算法要在有限的步骤内解决问题（这里所说的步骤是指计算机执行步骤）。计算机程序不能无限地运行下去（甚至不能长时间地运行下去），所以如果一个步骤需要无限执行或超过了合理的限度，此算法也是无用的。

例如：让计算机执行一个历时 1000 年才结束的算法，没有任何意义。

（2）确定性：算法中操作步骤的顺序和每一个步骤的内容必须严格定义，不能含混不清，更不能有任何的歧义。

例如：“将成绩优秀的同学名单打印输出”就是有歧义的。“成绩优秀”是要求每门课程都在 90 分以上，还是平均成绩在 90 分以上？不明确，有歧义，不适合描述算法步骤。

（3）可行性：一个算法应当是可以由计算机执行的，算法中描述的操作都是可以通过计算机的运行来实现的。也就是说算法中的每一步都能通过手工或机器在有限时间内完成，称为有效性。

(4) 有零个或多个输入：输入是算法实施前需要从外界取得的信息，有些算法需要有多个输入，而有些算法不需要输入，即零个输入。

例如：不需要输入任何信息，就可以计算出8!；(0个输入)。

例如：输入一个正整数n，然后判断n是否为素数；(1个输入)。

例如：如果要计算两个整数的最大公倍数，则需要输入2个整数m，n。(2个输入)。

(5) 一个算法中有一个或多个输出：算法的目的是用来解决一个给定的问题，即求解。因此，它应向人们提供结果，否则就没有意义了。

5.1.5　算法的描述

描述一个算法可以采用自然语言、传统流程图、N-S流程图、伪代码语言、计算机语言等。这里只介绍传统流程图、N-S流程图、计算机语言。

1. 用传统流程图描述

传统的流程图由图5-1所示的几种基本元素组成。

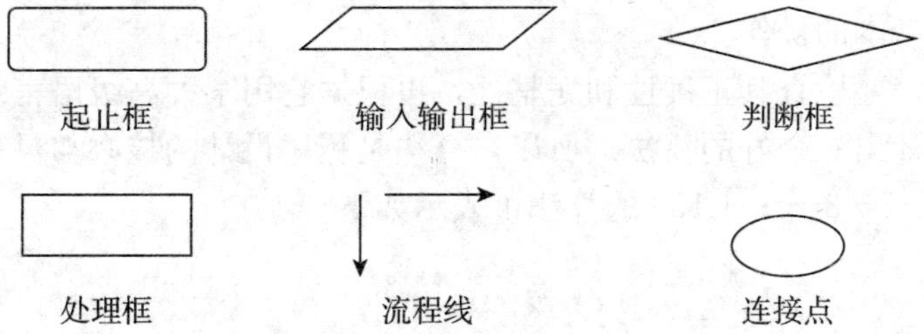

图5-1　基本元素

用流程图描述算法，形象直观，简单方便。

(1) 起止框：表示算法的开始和结束。

(2) 输入输出框：表示算法请求输入需要的数据或算法将某些结果输出。

(3) 判断框：作用主要是对一个给定条件进行判断，根据给定的条件是否成立来决定如何执行其后的操作。它有一个入口、两个出口。

(4) 处理框：表示算法的某个处理步骤，内部常常填写赋值操作。

(5) 流程线：用于连接不同的操作步骤。

(6) 连接点：用于将画在不同地方的流程线连接起来。

3种基本结构的流程图如图5-2所示。

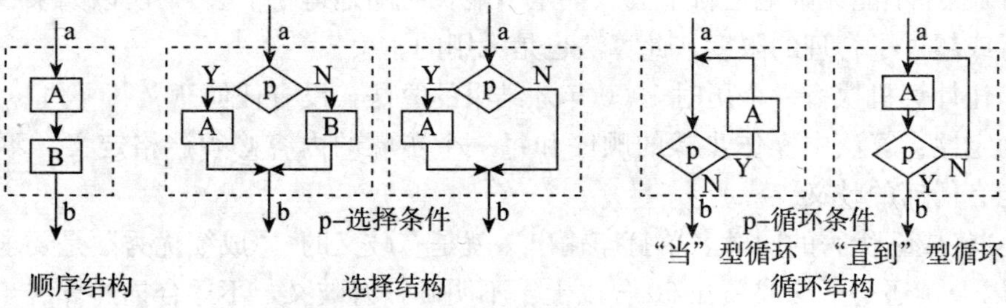

图5-2　3种基本结构的流程图

(1) 顺序结构：先执行A操作，再执行B操作。

(2) 选择结构：当p条件成立，执行A操作，当p条件不成立，执行B操作。A和B操作允许什么都不做。注意选择结构是一个整体，代表一个基本结构。

(3) 循环结构。

1) "当"型循环：当条件p成立时，反复执行A操作，直到p条件不成立为止。当型循环先判断，再决定是否执行循环体，所以在条件p一次都不满足时，循环体A可能一次都不执行。

2) "直到"型循环：当条件p不成立时，反复执行A操作，直到p条件成立为止。直到型循环先执行循环体A，然后再判断条件p，所以循环体至少执行一次。

一般情况下循环算法既可以用"当"型循环，也可以用"直到"型循环实现（可以实现等价算法）。循环结构也是一个整体，同样也代表一个基本结构。

注意：

3种结构中的A、B框可以是一个简单的操作，也可以是3个基本结构之一。也就是说基本结构可以嵌套。实践证明利用这3种基本结构组成的算法可以解决任何复杂的问题。C语言也是一种结构化程序设计语言，C语言中没有子程序的概念，它提供的函数可以完成子程序的所有功能；C语言允许对函数单独进行编译，从而实现模块化，而且提供了丰富的数据类型。

3种基本结构有以下共同点。

(1) 只有一个入口：不得从结构外随意转入结构中某点。

(2) 只有一个出口：不得从结构内某个位置随意转出（跳出）。

(3) 结构中的每一部分都有机会被执行。

(4) 结构内不存在"死循环"（无终止的循环）。

用传统流程图表示的算法直观形象，清楚显示前后的逻辑关系，因此得到了广泛使用。

例如，计算1+2+3+…+100的算法常用以下方式进行描述，如图5-3所示。

2. 用N-S流程图描述

为了解决传统流程图的缺陷问题，可用3种基本结构：顺序结构、分支结构和循环结构（见图5-4）按一定的规律来组成一个算法，这样的算法称为结构化算法。为了设计结构化算法，1973年，美国学者I. Nassi和B. Shneiderman提出了一种新的流程图，称为N-S流程图。

用N-S流程图表示算法的优点如下。

(1) 比文字描述更加直观、形象，易于理解。

(2) 比传统流程图紧凑易画。

(3) 废除流程线，整个算法结构是由各个基本结构按顺序组成的。N-S流程图的上下顺序就是执行时的顺序。N-S图表示的算法都是结构化的算法。

例如，计算1+2+3+…+100的算法用N-S流程图可表示为图5-5。

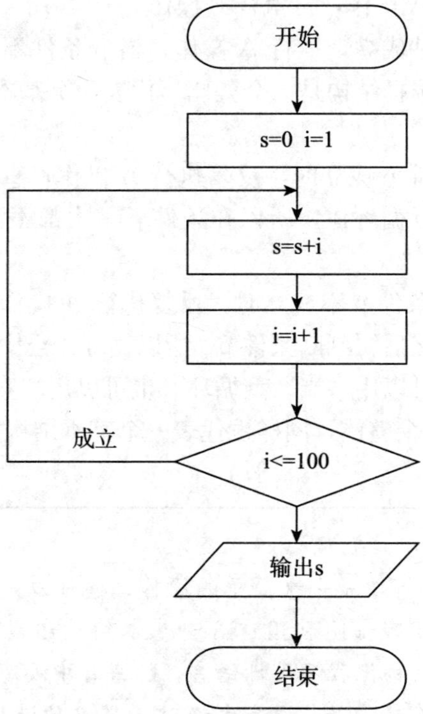

图 5-3　传统流程图

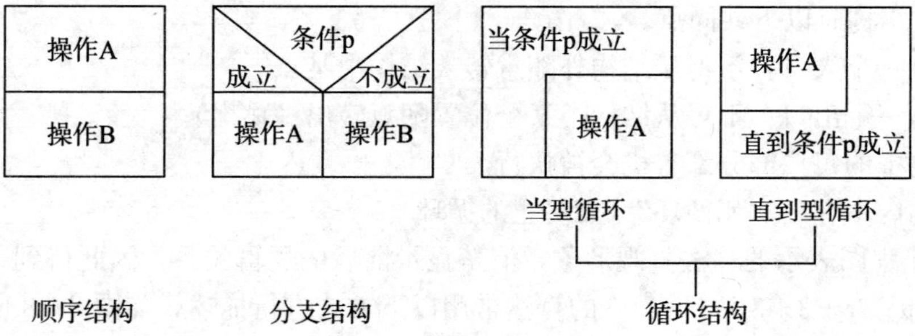

图 5-4　3 种基本结构

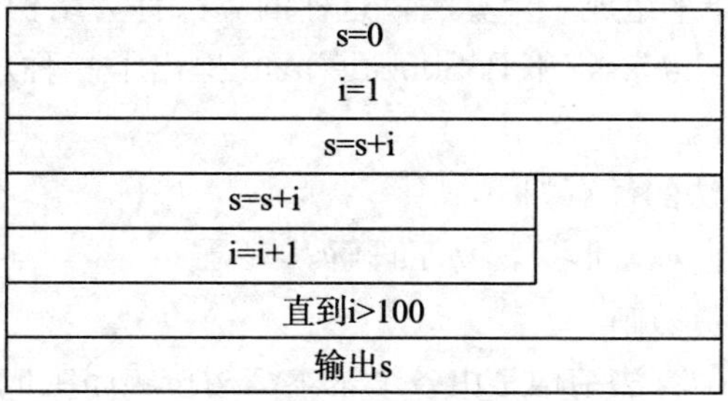

图 5-5　N-S 流程图

3. 用计算机语言描述

我们的任务是用计算机解题，就是用计算机实现算法；用计算机语言表示算法必须严格遵循所用语言的语法规则。

【例 5-2】 计算 1＋2＋3＋…＋100 的算法用 C 语言表示为：

```
#include <stdio.h>
main( )
{
  int i,s;
  s=1;
  i=2;
  while(i<=100)
   {  s=s+i;
      i=i+1;
   }
    printf("%d",s);
   }
```

【想一想】

1. 结构化程序由 3 种基本结构组成，这 3 种基本结构组成的算法（　　）。

A. 可以完成任何复杂的任务　　B. 只能完成部分复杂的任务

C. 只能完成符合结构化的任务　　D. 只能完成一些简单的任务

2. C 语言中用于结构化程序设计的 3 种基本结构是（　　）。

A. 顺序结构、选择结构、循环结构　　B. if、switch、break

C. for、while、do-while　　D. if、for、continue

3. 算法具有 5 个特性，以下选项中不属于算法特性的是（　　）。

A. 有穷性　　B. 简洁性　　C. 可行性　　D. 确定性

4. 以下叙述中正确的是（　　）。

A. 用 C 程序实现的算法必须要有输入和输出操作

B. 用 C 程序实现的算法可以没有输出但必须要有输入

C. 用 C 程序实现的算法可以没有输入但必须要有输出

D. 用 C 程序实现的算法可以既没有输入也没有输出

5. 一个算法应该具有“确定性”等 5 个特性，下面描述错误的是（　　）。

A. 有零个或多个输入　　B. 有零个或多个输出

C. 有穷性　　D. 可行性

5.2 程序的控制结构

5.2.1 顺序结构

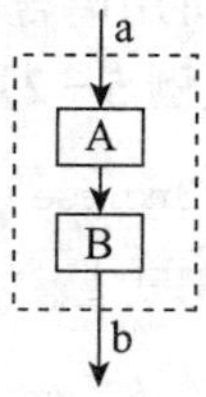

图 5-6 顺序结构

顺序结构是最普遍使用的基本结构，这种结构的特点就是按照语句的顺序从前到后逐条执行，是系统默认的控制结构，不管程序流程的转向如何复杂，最终要返回到顺序这个层次来进行操作，如图 5-6 所示，执行程序段 A 后，继续执行程序段 B，每个程序段可以由多条语句组成。

C 语句可以分为基本语句和控制语句，基本语句以顺序方式执行，即按照语句从前到后或从上至下的排列顺序依次执行；控制语句常常以选择结构和循环结构方式，在程序执行过程中，程序流程就可能出现向前或向后发生转向的情况。

C 语言的基本语句包括表达式语句、函数调用语句、控制语句、复合语句、空语句 5 种类型。

(1) 表达式语句。

表达式语句由各种类型的表达式构成，由表达式加上分号组成。其一般形式为：

```
表达式;
```

C 语言中的任何表达式都有一个确定的值，没有确定值的表达式是没有意义的。执行表达式语句就是计算表达式的值。赋值语句是表达式语句中最常见的一种，由赋值表达式加分号构成，基本功能就是把右边表达式的结果值赋给左边的变量。例如：

```
x = y + z;  赋值语句;
i + +;      自增 1 语句,i 值增 1.因为 i + +;相当于 i = i + 1;
```

(2) 函数调用语句。

函数调用语句由函数名、实际参数加上分号“;”组成。其一般形式为：

```
函数名(实际参数表);
```

执行函数语句就是调用函数体并把实际参数赋予函数定义中的形式参数，然后执行被调函数体中的语句，求取函数值。例如：

```
printf("C Program");调用库函数,输出字符串.
```

(3) 控制语句。

控制语句用于控制程序的流程，以实现程序的功能，由特定的语句定义符组成。C 语言提供了 9 种控制语句。可分成以下 3 类。

1) 条件判断语句：if 语句、switch 语句。

2) 循环语句：do while 语句、while 语句、for 语句。

3) 转向语句：break 语句、goto 语句、continue 语句、return 语句。

(4) 复合语句。

复合语句是把多个语句用大括号 {} 括起来组成的程序段，形成逻辑上的一条语句。在程序中应把复合语句看作一条语句，而不是多条语句。例如：

```
{  x = y + z;
```

```
    a = b + c;
    printf(" %d%d",x,a);
}
```

复合语句内的各条语句都必须以分号“;”结尾，在括号“}”外不能加分号。

(5) 空语句。

空语句是只有分号“;”组成的语句。空语句是什么也不执行的语句。在程序编写过程中可用空语句占位，以便在后续编程过程中逐步细化和补充。

1. 顺序结构的组成

顺序结构程序的运行是按照书写的顺序进行的，不发生控制转移，所以又被称为最简单的C程序。顺序结构程序一般由以下几部分组成。

(1) 编译预处理命令。

编辑的程序中如果需要使用库函数，或自己设计了头文件，则要使用编译预处理命令将相应的头文件包含进来。

(2) 顺序结构程序的函数体。

一般由4部分内容构成：定义变量类型；给变量提供数据；运算处理数据；输出结果数据。

2. 简单的程序设计

【例5-3】 输入三角形的三边长，求三角形面积。

分析： 从数学知识可知，由三角形的三边长求面积的公式是：

$$area=\sqrt{s(s-a)(s-b)(s-c)}$$

其中 $s=1/2\ (a+b+c)$

(1) 定义5个实型变量，a、b、c表示3条边，s和area。

(2) 输入3条边的长度。

(3) 利用公式计算s与面积area。

(4) 输出结果。

程序代码如下：

```
#include <stdio.h>
#include <math.h>   /*数学类头文件,确保公式的正确运行*/
main( )
{  float a,b,c,a,area; /*定义变量,类型为实型*/
   scanf("%f,%f,%f",&a,&b,&c);/*通过键盘给变量赋值*/
   s=1.0/2*(a+b+c);/*求出变量s的值*/
   area=sqrt(s*(s-a)*(s-b)*(s-c));/*通过运算求出表达式的值*/
   printf("a=%7.2f,b=%7.2f,c=%7.2f,s=%7.2f\n",a,b,c,s);
   printf("area=%7.2f\n",area);/*输出变量的值*/
}
```

运行结果：

```
3,4,6        注:∪表示空格
```

```
a = ␣␣␣3.00,b = ␣␣␣4.00,c = ␣␣␣6.00,s = ␣␣␣6.50
area = ␣␣␣5.33
```

【想一想】

1. 如何把数学公式转化为 C 语言表达式？
2. 如何根据对象的特点性质来确定变量的类型？
3. 能否把语句 s=1.0/2*(a+b+c);改为 s=1/2*(a+b+c);？为什么？

【例 5-4】编写程序，输入一个大写字母，把它转换成相应的小写字母，然后输出。

分析：大写字母的 ASCII 码比对应的小写字母的 ASCII 值小 32，要把大写转换成小写，则 ASCII 码+32。

（1）定义一个字符变量 ch 用来存放输入的大写字母和转换后的小写字母。

（2）输入一字母，存放到 ch 中。

（3）ch+32 送给（赋值给）ch。

（4）输出结果。

程序代码如下：

```
#include "stdio.h"
main( )
{
char ch;
printf("Input a lowercase:");
ch = getchar( );
ch + = 32;
printf("The small letter is %c\n", ch);
}
```

运行结果：

```
Input a lowercase:A↙
small letter is a
```

【想一想】

1. getchar（）的作用是什么？
2. 小写字母相互转换的规律是什么？

5.2.2 选择结构及其嵌套

选择结构是指程序进入选择结构后执行哪一条分支。选择是指满足某一个条件才可以去做某一件特定的事情。例如，只有达到某一学校的录取分数线的学生才能升入该学校，否则不能被录取。

C 语言中，选择结构通常包括 if 语句和 switch 语句。

1. if 语句

if 属于两路分支的判断语句，根据条件表达式的判断结果，决定执行哪一个程序段，if 语句是 C 程序中重要的结构单元，根据 if 结构与功能的差异性，if 语句包括 3 种基本形式。

形式一：单分支结构

```
if (表达式)
  语句序列
```

该 if 语句执行过程为：先判断其条件表达式，若条件的值为非 0 即成立为真时，就执行其后所带的语句序列；若条件的值为 0 时即不成立为假时，则不进行任何操作，去执行语句序列的下一条语句，如图 5－7 所示。

形式二：双分支结构

```
if （〈条件表达式〉）
    〈程序段 A;〉
else
    〈程序段 B;〉
```

该 if 语句执行过程为：先判断 if 后面的表达式，若条件的值为非 0 即成立为真，则执行程序段 A；若条件的值为 0 即不成立为假，则执行程序段 B，接着去执行语句序列 2 的下一条语句，如图 5－8 所示。

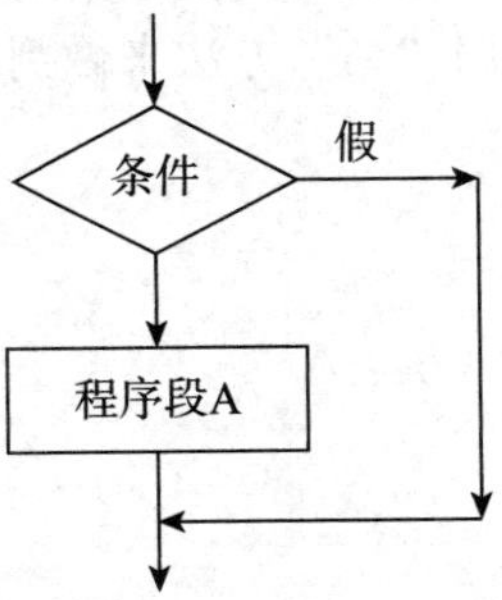

图 5－7　if 语句单分支结构执行过程

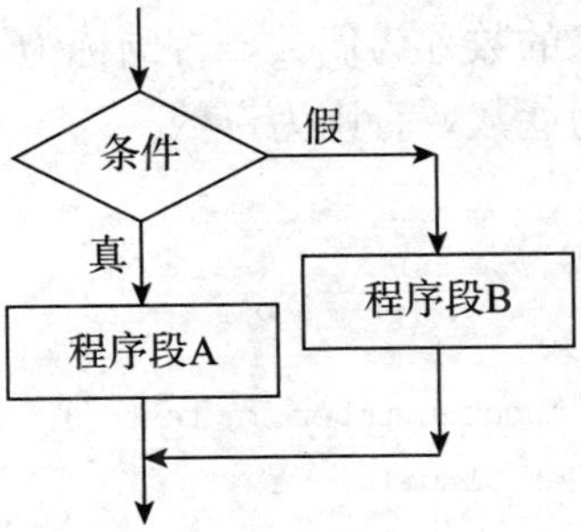

图 5－8　if 语句双分支结构执行过程

说明：

(1) if 后的“条件”一般为关系表达式或逻辑表达式，也可以是任意数值类型，如整型、实型、字符型等。但必须用“( )”括起来。只要条件的值为非零值，条件就为真，就可以执行相应的程序段，反之条件不成立为假也是如此。

(2) else 子句是 if 语句的一部分，必须与 if 配对使用（采取就近匹配原则），不能单独使用。

(3) 各程序段可以是简单语句，也可以是复合语句。当 if 和 else 下面的语句组仅由一条语句组成时，也可不使用复合语句形式（即去掉花括号）。如果 if 和 else 之间的语句不只一条语句，必须使用复合语句形式，即将多条语句用“{}”括起来，否则它将只执行后面的第一条语句。特别注意“{}”中的每一条语句后都要加“;”，但“{}”后不能加“;”。

【例 5－5】对任意两个数，求出最大的一个数。

分析：采用假设法，把 x 先赋给变量 max（假设 x 是最大数），再用 if 语句判别 max 和

y的大小，如max小于y，再把y赋给max。所以max中总是大数。

程序代码如下：

```
#include <stdio.h>
main( )
{   int x,y,max;
    printf("Please input two numbers: ");
    scanf(" %d%d",&x,&y);
    max=x;
    if (max<y)
       max=y;
    printf("max= %d",max);
}
```

【想一想】

1. 如何用if双分支结构形式来编辑这个程序？
2. 用了变量的什么特点求取最大值？

【例5-6】从键盘输入一个整数，判断这个数是奇数还是偶数。

分析：该事件有两种情形：奇数或偶数，可采用双分支结构进行，由数学定义可知凡是能被2整除的数称为偶数，否则称为奇数；针对这点就可采用“%”方法来做判断，如果余数为0则为偶数，否则为奇数。

```
 main( )
{
int num,k;
printf("Input a number for test:");
scanf(" %d",&num);
k=num%2;
if(k= =0)
    printf("The number is even number.");
else
    printf("The number is odd number.");
}
```

运行结果：

```
Input a number for test:15↙    The number is odd.
Input a number for test:30↙    The number is even.
```

【想一想】

1. 能否把if（k==0）改为if（k=0）？
2. 这个双分支结构是否可以用条件运算表达式来替换？

形式三：嵌套结构

(1) if 语句的嵌套结构。

if 语句之间可以相互嵌套，所谓嵌套是指在 if 语句的分支中，又包含另一个或多个完整的 if 结构。if 语句嵌套结构如图 5－9 所示。

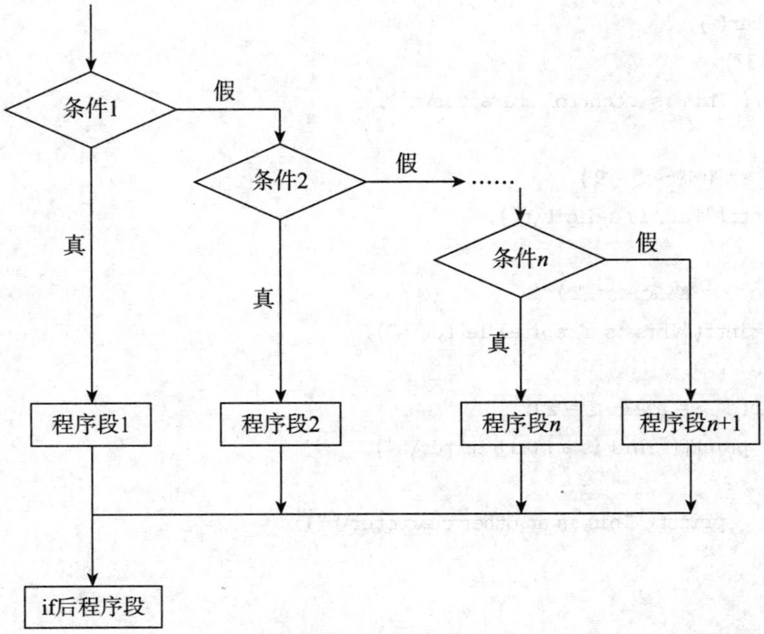

图 5－9　if 语句嵌套结构

if 语句的嵌套语句形式如下。

```
if (条件表达式 1 )
  语句序列 1
else if (条件表达式 2 )
  语句序列 2
else if (条件表达式 3 )
  语句序列 3
………
else
  语句序列 n
```

该 if 语句执行过程为：先判断表达式 1 的值，若其值为非 0 即成立为真时，则执行语句序列 1；若其值为 0 即不成立为假时，则判断表达式 2，若其值为非 0 即成立为真时，则执行语句序列 2；若其值为 0 即不成立为假时，则继续判断后面的表达式，直到最后，若没有表达式的值为非 0，则执行最后的语句序列 n。注意最后的 else 语句可以没有，也即当没有表达式满足条件时将不进行任何操作。

【例 5－7】 任意输入一个字符，输出符合该字符特征的信息：要求输出为数字字符；输出为小写字母；输出为大写字母；如果小于 32 时，输出为控制字符；如果均不符合则输出其他字符信息。

```
#include <stdio.h>
main( )
{
    char c;
    printf("input a character: ");
    c = getchar( );
    if(c < 32)
      printf("This is a control character\n");
    else
      if(c >= '0'&&c <= '9')
        printf("This is a digit\n");
      else
        if(c >= 'A'&&c <= 'Z')
          printf("This is a capital letter\n");
        else
          if(c >= 'a'&&c <= 'z')
            printf("This is a small letter\n");
          else
              printf("This is an other character\n");
}
```

注意：

嵌套的形式是千变万化的，为了保证嵌套的层次分明和对应正确，在书写时采用递进式的书写格式，有助于编程者理清层次，增加程序的可读性。

（2）if 嵌套结构语句的使用。

【例 5-8】任意输入 3 个整数，比较大小，输出其中的最大值。

```
#include <stdio.h>
main( )
{
  int a,b,c,max;
  scanf("%d%d%d",&a,&b,&c);
    if(a>b)
      if(a>c)
        max = a;
      else
        max = c;
    else
      if(b>c)
        max = b;
      else
        max = c;
```

```
  printf("max = %d\n",max);
}
```

说明：程序中出现 3 个 if 语句，外层的 if 结构各包含一个 if 语句，每个 if 语句在结构上完整，格式准确。

【例 5-9】 任意输入一个数 x，根据输入数据 x 求 y 的值：当 x>0 时，y=1；x=0 时，y=0；x<0 时，y=-1。

```
#include <stdio.h>
main( )
{
  int x,y;
  scanf("%d",&x);
  if(x>0)
    y = 1;
  else
    if(x = = 0)
      y = 0;
    else
      y = -1;
  printf("x = %d,y = %d\n",x,y);
}
```

说明：if 语句嵌套要注意层次对应，内层的语句要被完整地包含在外层语句之中，必要时使用花括号，同时更要注意 else 和 if 语句的对应关系，单个 else 是没有意义的。

else 与 if 匹配的原则是 else 总是与它前面最近的 if 配对。

【例 5-10】 输入一个一元二次方程 $ax^2+bx+c=0$ 的 3 个系数，求方程的两个根，根的计算公式是：

$$\Delta=b^2-4ac\begin{cases}>0\text{ 时，}x_1, x_2=\dfrac{-b\pm\sqrt{b^2-4ac}}{2a}\\ =0\text{ 时，}x_1, x_2=-\dfrac{b}{2a}\\ <0\text{ 时，}x_1, x_2=\dfrac{-b\pm i\sqrt{4ac-b^2}}{2a}\end{cases}$$

```
#include <math.h>
main( )
{
  float a,b,c,d,x1,x2,p,q;
  printf("a = ");
  scanf("%f",&a);
  printf("b = ");
  scanf("%f",&b);
  printf("c = ");
```

```
    scanf("%f",&c);
    d = b * b - 4 * a * c;
    if (d >= 0)
      if (d >0)
        {  x1 = (-b + sqrt(d)) / 2 * a ;
           x2 = (-b - sqrt(d)) / 2 * a ;
           printf("方程有两个不同的实根:");
           printf("x1 =  %6.2f\n", x1);
           printf("x2 =  %6.2f", x2);
        }
      else
        {  x1 = (-b) / 2 * a;
           printf("方程有两个相同的实根:");
           printf("x1 = x2 =  %6.2f", x1);
        }
    else
        {  p = (-b) / 2 * a ;
           q = sqrt(-d) / 2 * a ;
           printf( "方程有两个不同的虚根:\n");
           printf("x1 =  %6.2f +  %6.2f i\n", p, q);
           printf("x1 =  %6.2f -  %6.2f i\n", p, q);
        }
}
```

2. switch 语句

if 语句一般适用于两个分支的情况，即在两个分支中选择其中一个执行。尽管可以通过 if 语句的嵌套形式来实现多路选择的目的，但这样做的结果使得 if 语句的嵌套层次太多，降低了程序的可读性。C 语言中的 switch 语句，可供用户方便地进行多路选择。

switch 语句又称为开关语句，其一般格式如下。

```
switch(表达式){
    case〈常量表达式 1〉:  〈语句 1〉;[break;]
    case〈常量表达式 2〉:  〈语句 2〉;[break;]
    …
    case〈常量表达式 n〉: 〈语句 n〉;[break;]
              default: 〈语句 n+1〉;
    }
```

说明： 首先计算 switch 后面的表达式的值。并逐个与其后的常量表达式值相比较，当表达式的值与某个 case 常量表达式的值相等时，即执行该 case 后面的语句；如表达式的值不等于任何 case 后的常量表达式的值，则转向执行 default 后的语句。如果没有 default 部分，则不执行 switch 语句中的任何语句，直接转到 switch 语句后面的语句去执行。其流程图如图 5-10 所示。

例如，用 switch 语句按照考试成绩的等级输出百分制分数段。具体程序如下。

```
switch(grade)
{
case 'A' :   printf("90～100\n");
case 'B' :   printf("80～90\n");
case 'C' :   printf("60～70\n");
case 'D' :   printf("<60\n");
default:   printf("error\n");
}
```

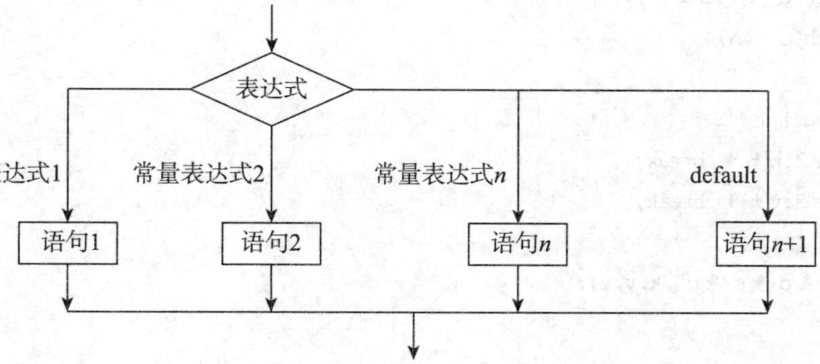

图 5 - 10　switch 语句流程图

注意：

（1）switch 语句后面的表达式的值和 case 语句后面的常量表达式的值，必须是整型或字符型，不允许是浮点型数据。

（2）同一个 switch 语句中的所有 case 语句后面的常量表达式的值必须互不相同，其中 default 和〈语句 n＋1〉可以省略。

（3）由于 switch 语句中的“case 常量表达式”部分只起语句标号的作用，所以，在执行完某个 case 语句后面的语句后，如果没有“break”来结束多分支语句，将自动转到该语句后面的语句去执行，而不再进行条件判断，直到遇到 switch 语句的右花括号为止。

（4）每个 case 后面的语句可以是一个语句，也可以是多个语句，当是多个语句的时候，不需要用花括号括起来。

（5）多个 case 的后面可以共用一组执行语句。如：

```
switch(n)
{
    case 1:
    case 2:x = 5;break;   /* 当 n = 1 或 n = 2 时,都执行语句 x = 5;break; */
    …
}
```

（6）break 语句的功能是强制终止语句的顺序执行，无条件退出 switch（）多分支语句。

（7）default 分支是一个选项，它的位置不影响 switch…case 的匹配，即不论 default 在哪里，switch 后表达式的值总是先和 case 后常量表达式的值比较。

【例 5-11】以下程序运行时若输入 25243*，请分析运行结果。

```
#include <stdio.h>
main( )
{
  int k,v,t;
   char c;
   k=v=t=0;
   while((c=getchar( ))!='*')
   switch(c-48)
   {
    default:t++;
    case 2:k++;break;
    case 3:v++;break;
}
printf("%d %d %d",k,v,t);
}
```

【想一想】

1. 请分析为什么结果是：4，1，2。
2. 如果 default 分支在 case2 和 case3 中间，结果是多少？

5.2.3 循环结构及其嵌套

循环结构是结构化程序设计的基本结构之一，几乎所有实用的程序都包含循环。所谓循环是指在给定条件成立时，反复执行某程序段，直到条件不成立为止。给定的条件称为循环条件，反复执行的程序段称为循环体。C 语言中提供的循环语句的基本形式有以下 3 种：while 语句、do...while 语句、for 语句。

1. while 语句

while 语句是一种先判断后执行的语句，属于“当型”循环结构。格式为：

```
while(表达式)
{
  循环体;
}
```

其传统流程图和 N-S 流程图分别如图 5-11（a）、（b）所示。

执行过程：while 型循环语句先进行循环条件的判断，如果条件表达式的值为真，则进入循环体的执行，执行完一遍循环体后再次进行循环条件的判断。这样循环往复，直到某次判断循环条件不成立，表达式的值为假，则退出循环，执行循环语句后面的其他语句。

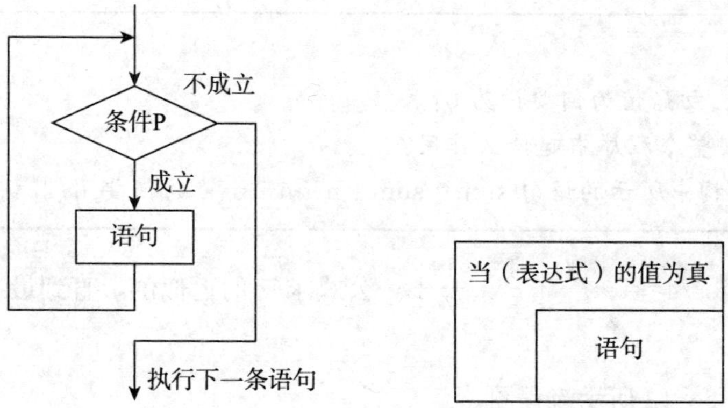

（a）传统流程图　　　　（b）N-S流程图

图 5-11　while 语句流程图

注意：

（1）确定循环控制变量及初值；确定循环控制变量的变化范围；确定循环控制变量的变化程度，应注意循环条件的改变以避免死循环。

（2）while 语句的表达式一般是关系表达式或逻辑表达式，只要表达式的值为真（非0）即可执行循环体。

（3）循环体包括一条以上语句时，则必须用“{}”括起来，组成复合语句。

【例 5-12】 用 while 语句求 $\sum_{n=1}^{100} n$。（实现从 1 加到 100）。

分析：

（1）初始化：sum 初值为 0，n 初值为 1。

（2）循环条件：当 n<=100 时，继续循环累加。

（3）循环体：累加 sum=sum+n；指向下一项 n=n+1。

（4）n=101 时循环结束。

（5）输出 sum。

```
#include <stdio.h>
main( )
{
  int n = 1, sum = 0;
    while(n <= 100)
      {
        sum = sum + n;
        n++;
      }
    printf("%d\n",sum);
}
```

【想一想】

1. 其中 sum 初始值为何要设为 0?
2. 变量 n 在整个程序中起什么作用?
3. while 结构中所示的语句 sum＝sum＋n；n＋＋；为何要用“{}”括起来。

【例 5－13】 用 $\pi/4 \approx 1-\frac{1}{3}+\frac{1}{5}-\frac{1}{7}+\cdots$ 公式求 π 的近似值，直到最后一项的绝对值小于 10^{-6} 为止。

分析：参考图 5－12 所示流程图。

```
#include <math.h>
main( )
{
  int s;
  float n,t,pi;
  t=1;
  pi=0;
  n=1.0;
  s=1;
  while((fabs(t))>1e-6)
   {
    pi=pi+t;
    n=n+2;
    s=-s;
    t=s/n;
   }
  pi=pi*4;
  printf("pi=%10.6f\n",pi);
 }
```

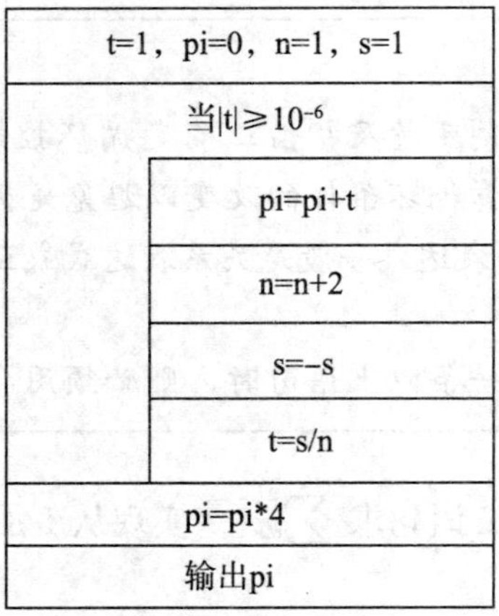

图5-12　例5-13程序流程图

2. do…while 语句

do…while 循环语句结构的一般格式：

```
do {
    〈循环体〉
  }while〈循环条件表达式〉;
```

do…while 型循环语句先执行循环体，执行一遍后再进行循环条件的判断，如果条件表达式的值为真，则再次进入循环体的执行。这样循环往复，直到某次判断循环条件不成立，表达式的值为假，则退出循环，跳到循环语句后面执行其他语句。结构流程图如图 5－13 所示（传统流程图和 N-S 流程图）。

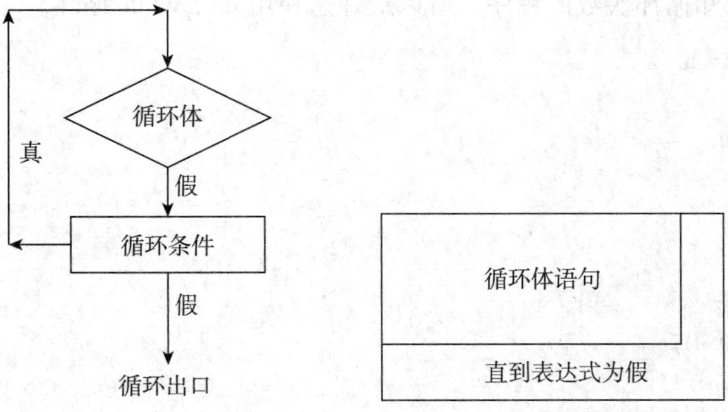

（a）传统流程图　　　　（b）N-S流程图

图 5-13 do...while 语句流程图

do...while 循环与 while 循环的不同之处仅在于，它先执行循环中的语句，然后再判断表达式是否为真，如果为真则继续循环；如果为假，则终止循环。因此，do...while 循环至少要执行一次循环语句。

【例 5-14】 用 do...while 语句求 s=1+2+3+…+100 的值。

```
#include <stdio.h>
main( )
{
    int i = 1, sum = 0;
    do
  {
    sum = sum + i;              /* 先计算求和 */
    i = i + 1;                  /* 改变循环条件 */
  }while (i <= 100);            /* 进行循环判断,若结果为真则继续循环 */
    printf("sum = %d\n", sum);
}
```

运行结果：

```
sum = 5050
```

【想一想】

1. do...while 语句与 while 语句在结构上有什么区别？
2. 如果循环条件成立，do...while 语句与 while 语句是否不同？

【例 5-15】 设 S=1+1/2+1/3+…1/n，n 为正整数，求使 S 不超过 10（S≤10）的最大的 n。

分析： 这是一个求和的程序，除了第一项是 1，后面的每一个加数都是一个真分数，为了使和达到 10，我们应设一个实型的变量 s，用来存放和，每一项加数中的分子都使用

1.0。这是一个未知循环次数的程序，所以最好选择用 do…while 循环。

```
#include <stdio.h>
main( )
{  float s = 1.0;
   int n = 1;
do
{  n = n+ +;
   s = s + 1.0/n;
} while(s< = 10.0);
 printf(" %d",n - 1);
}
```

【想一想】

1. S 不超过 10（S≤10）在 C 语言条件表达式中如何理解？

2. printf（"%d"，n—1)；语句中为何还要减一个数“1”？

3. for 语句

for 语句是 C 语言中最常用的一种循环语句，它不仅能用于循环次数已知的情况，还能用于循环次数不确定，只给出循环结束条件的情况，使用十分灵活方便。

for 语句的一般格式为：

```
for(表达式 1;表达式 2;表达式 3)
〈语句〉
```

说明：

（1）先计算表达式 1 的值（初值）；然后计算表达式 2 的值（为循环条件）。若结果为真（非 0），则执行后续的循环体语句。循环体语句执行完成后自动转到表达式 3，计算表达式 3 的值（步长），至此完成了一次循环。

（2）再次计算表达式 2 的值。若结果为真（非 0），则继续执行循环体语句。循环体语句执行完成后再转到表达式 3，计算表达式 3 的值（循环步长），至此又完成了一次循环。

（3）将第（2）步反复执行下去，直到表达式 2 的值为 0，循环结束，执行 for 语句下面的一个语句。

流程图如图 5 - 14 所示。

for 语句最简单的应用形式也是最容易理解的形式为：

```
for(循环变量赋初值;循环条件;循环变量增量)  〈语句〉
```

循环变量赋初值总是一个赋值语句，它用来给循环控制变量赋初值；循环条件是一个关系表达式，它决定什么时候退出循环；循环变量增量定义循环控制变量每循环一次后按什么方式变化。这 3 个部分之间用“;”分开。

for 语句最主要的特点是特别适合已知循环次数的循环语句。

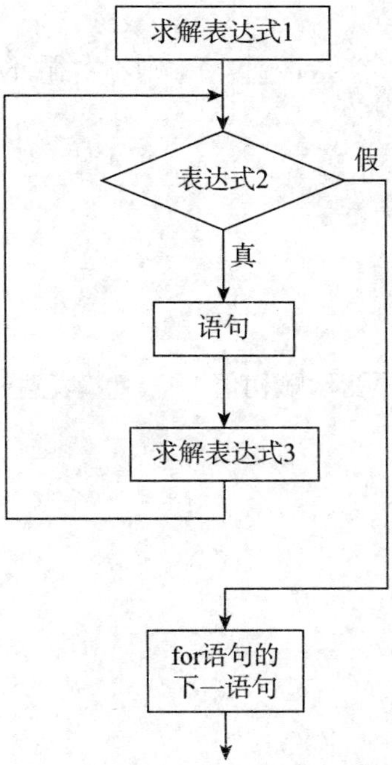

图 5 - 14　for 语句流程图

下面介绍 for 语句中循环次数的计算方法。根据 for 循环的循环变量的变化情况。循环次数可以用公式进行计算：

n=(int)((终值－初值＋步长)/步长)

其中，初值指循环变量的初始值，终值指循环变量满足条件的最终值，步长指循环变量每循环一次所变化的量。

例如：循环语句 for(n=1；n<=100；n++)（设 n 为整形变量）控制循环体反复执行的次数为 n=(int)((100－1+1)/1)=100。

又如：循环语句 for(n=100；n<0；n=n－2)（设 n 为整形变量）控制循环体反复执行的次数为 n=(int)((1－100－2)/(－2))=50。

使用 for 语句要注意以下几点。

(1) for 循环中的“表达式 1（循环变量赋初值）”“表达式 2（循环条件）”和“表达式 3（循环变量增量）”都可以缺省，但“;”不能缺省。

(2) 省略了“表达式 1（循环变量赋初值）”，表示不对循环控制变量赋初值。

(3) 省略了“表达式 2（循环条件）”，则不做其他处理时便成为死循环。

例如：

```
for(i = 1;;i + + )sum = sum + i;
```

相当于：

```
i = 1;
while(1)
  {sum = sum + i;
```

```
i++;}
```

(4) 省略了“表达式3（循环变量增量）”，则不对循环控制变量进行操作，这时可在语句体中加入修改循环控制变量的语句。

例如：

```
for(i=1;i<=100;)
  {sum=sum+i;
   i++;}
```

(5) 省略了“表达式1（循环变量赋初值）”和“表达式3（循环变量增量）”。

例如：

```
for(;i<=100;)
{sum=sum+i;
i++;}
```

相当于：

```
while(i<=100)
  {sum=sum+i;
  i++;}
```

(6) 3个表达式都可以省略。

例如：

```
for(;;)语句
```

相当于：

```
while(1)语句
```

(7) 表达式1可以是设置循环变量的初值的赋值表达式，也可以是其他表达式。

例如：

```
for(sum=0;i<=100;i++)sum=sum+i;
```

(8) 表达式1和表达式3可以是一个简单表达式，也可以是逗号表达式。

```
for(sum=0,i=1;i<=100;i++)sum=sum+i;
```

或：

```
for(i=0,j=100;i<=100;i++,j--)k=i+j;
```

(9) 表达式2一般是关系表达式或逻辑表达式，也可是数值表达式或字符表达式，只要其值非零，就执行循环体。

例如：

```
for(i=0;(c=getchar())!='\n';i+=c);
```

又如：

```
for(;(c=getchar())!='\n';)
```

```
printf("%c",c);
```

【例 5-16】 运行如下程序。

```
main( )
{int a=0,n;
  scanf("%d",&n);
  for(;n>0;)
  { a++;n--;
    printf("%d",a*2);
  }
}
```

运行结果：

```
input n: 4↙0246
```

说明：本例中省略了表达式 1 和表达式 3，由循环体内的 n－－语句进行循环变量 n 的递减，以控制循环次数。

【例 5-17】 运行如下程序。

```
main( )
{ int a=0,n;
  scanf("%d",&n);
  for(;;)
  { a++;n--;
    printf("%d",a*2);
    if(n==0)break;
  }
}
```

运行结果：

```
input n: 4↙0246
```

说明：本例中 for 语句的表达式全部省去。由循环体中的语句实现循环变量的递减和循环条件的判断。当 n 值为 0 时，由 break 语句中止循环，转去执行 for 以后的程序。

【例 5-18】 求 n 的阶乘 n!（n! ＝1×2×…×n)。

```
#include <stdio.h>
main( )
{
 int i,n;
 long fact=1;   printf("请输入 n 的值:");
 scanf("%d",&n);
 for(i=1;i<=n;i++)
     fact=fact*i;   /*实现累乘*/
 printf("%d! = %ld\n",n,fact);
```

```
}
```

运行结果：

```
请输入n的值:5! = 120
```

【想一想】

1. 阶乘的数学定义是什么？
2. 累乘算法：乘法表达式中变量fact的初值取值特点是什么？

【例5-19】用for语句求s=1+2+4+8+…+64的值。

```
#include <stdio.h>
main( )
{
  int i = 1, sum = 0;
  for (;i<=64;)
  {
  sum = sum + i;
  i = i * 2;
}
  printf("sum = %d\n", sum);
}
```

运行结果：

```
sum = 127
```

【例5-20】打印出所有的“水仙花数”。所谓“水仙花数”是指一个三位正整数，其各位数字的立方和等于该数本身，例如：$153=1^3+5^3+3^3$。

(1) 穷举范围：即把所有的三位正整数100～999按题意一一进行判断。

(2) 判断式：如果一个三位正整数n的百位、十位、个位上的数字分别为i、j、k，则判断式为：$n = i^3 + j^3 + k^3$。

(3) 分解三位数n的百位、十位、个位：

百位：i=n/100；

十位：j=(n/10)%10；j=(n%100)/10；j=(n-i*100)/10；j=(n/10)-i*10；

个位：k=n%10；

```
#include "stdio.h"
main( )
{  int n,i,j,k;
   for( n=100; n<=999; n++ )
   {  i = n /100;
      j = ( n / 10 ) % 10 ;
      k = n % 10 ;
```

```
    if ( n= = i*i*i + j*j*j + k*k*k )
      printf("%d = %d^3 + %d^3 + %d^3\n", n, i, j, k);
    }
}
```

运行结果：

```
153 = 1^3 + 5^3 + 3^3
370 = 3^3 + 7^3 + 0^3
371 = 3^3 + 7^3 + 1^3
407 = 4^3 + 0^3 + 7^3
```

前面已经介绍了每种循环语句的特点，下面分别介绍每种循环结构所适用的情况。

（1）for 语句功能最强，编写的程序结构简单、清晰，凡用 while 循环能完成的用 for 循环都能实现。尤其适合编写知道所需执行次数的循环。

（2）不知道确切的执行次数时，用 do…while 循环。

（3）对于那种某些语句可能要反复执行多次，也可能一次都不执行的问题，使用 while 循环。

（4）3 种循环语句可以相互替代。用 while 和 do…while 循环时，循环变量初始化的操作应在 while 和 do…while 语句之前完成。for 语句可以在表达式 1 中实现循环变量的初始化。

（5）while 和 for 循环是先判断表达式的值，后执行循环体各语句；而 do…while 循环是先执行循环体各语句，后判断表达式的值。

4. break 语句与 continue 语句

（1）break 语句。其语法格式为：

```
break;
```

功能：满足条件提前中断语句执行，无条件退出当前所执行的循环语句，不再执行循环体后半部分语句。break 语句流程图如图 5-15 所示。

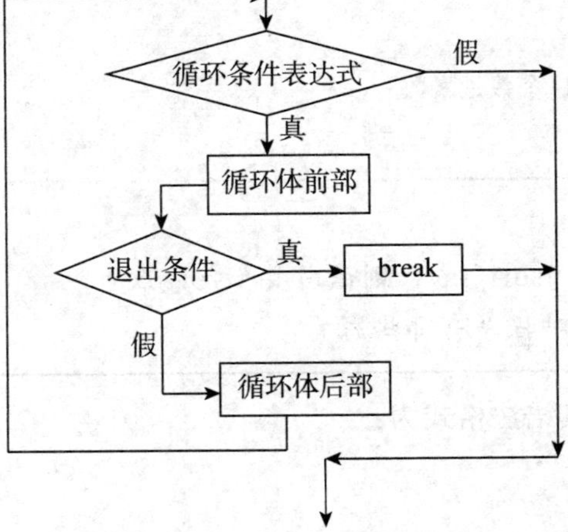

图 5-15　break 语句流程图

说明：

1）在嵌套或多重循环中使用 break 语句，仅退出包含 break 语句的那层循环体。

2）break 语句通常用在循环语句和开关语句中。当 break 用于开关语句 switch 中时，可使程序跳出 switch 而执行 switch 以后的语句。

3）当 break 语句用于 do...while、for、while 循环语句中时，可使程序终止循环而执行循环后面的语句，通常 break 语句总是与 if 语句连在一起。即满足条件时便跳出循环。

【例 5－21】 输入一个数 m，判断是否为素数。

分析： 素数是指对于某个整数 a>1，如果它只能被 1 和本身整除，即找不到第三个能整除他的数，则称 a 为素数（或质数）。如：2，3，5，7，11，13，17，19，23，29，31，…

判断 m 是否为素数的算法：让 m 被 2 到 $\sqrt{m}$ 或者 2 至 m－1 之间除，如果 m 能被范围之中任何一个整数相除，则提前结束循环，此时 i 必然小于或等于 k(k＝m－1)；否则 i 必然大于 k；如果 m 不能被 2～k 之间的任一整数整除，则在完成最后一次循环后，i 还要加 1，因此 i＝k＋1，然后才终止循环。在循环之后判别 i 的值是否大于或等于 k＋1，若是，则表明未曾被 2～k 之间任一整数整除过，因此 m 是素数。

```
main( )
{  int m,i,k;
   printf("请输入一个数 m:");
   scanf("%d",&m);
   k=m-1;
   for (i=2;i<=k;i++)    /*循环初始值 i 从 2 到 k*/
         if (m%i==0)  break;     /*若有一个能整除 m,则终止循环*/
   if(i>k)                    /*若是素数应 i>k*/
       printf("这个数%5d 是素数\n",m);
   else
       printf("这个数%5d 不是素数\n",m);
}
```

运行结果：

```
请输入一个数 m=17      这个数是素数
```

【想一想】

1. 如果把 k 改为 k＝sqrt(m)，则语句要如何修改？

2. 变量的取值范围对程序有哪些影响？

（2）continue 语句。其语法格式为：

```
continue;
```

功能： 跳过 continue 语句循环后部尚未执行的语句，提前结束本次循环，进行下一次循环。continue 语句流程图如图 5－16 所示。

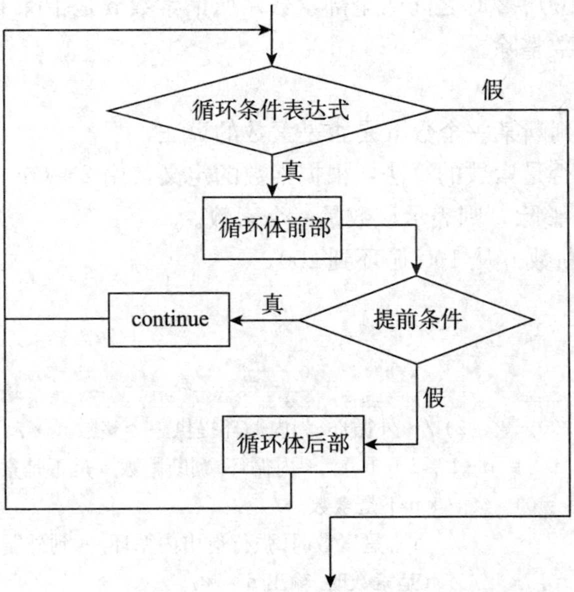

图 5-16 continue 语句流程图

说明：continue 语句只能是提前结束本次循环，即跳过循环语句中尚未执行的语句，继续进行下一次循环条件的判定。

【例 5-22】求 100～150 和 400～450 能被 9 整除的数。

```
#include <stdio.h>
main( )
{
  int n;
   for (n=100;n<=450;n++)   /*循环初始值 n=100 到 n<=450*/
  {
   if (n>150 && n<400 )     /*判断变量 n 是否是在 151～399 的数*/
   continue;      /*若 n 是 151～399 的数,不需要判断,直接进行表达式的计算*/
   if(n%9==0)
     printf("%6d",n); /*若 n 与 9 取余等于 0,说明能被 9 整除,输出该数*/
  }
}
```

运行结果：

```
108  117  126  135  144  405  414  423  432  441  450
```

5. 循环嵌套

一个循环体内又包含另一个完整的循环结构，称为循环的嵌套或多重循环。3 种循环结构 while 循环、do…while 循环和 for 循环可以互相嵌套。

循环嵌套的层次没有限制，一般使用二重循环嵌套的情况较多。只是如果嵌套的层次太多，会降低程序的执行效率和可读性，所以，嵌套的导数也不宜太多。

【例5-23】输出100～200之间的全部素数。所谓素数n是指除1和n之外，不能被2～(n－1)之间的任何整数整除。

分析：

1）内循环设计出判断某一个数n是否是素数的算法。

2）判断某数n是否是素数的算法：根据素数的定义，用2～(n－1)之间的每一个数去整除n，如果都不能被整除，则表示该数是一个素数。

3）外循环：被判断数n从100循环到200。

```
main( )
{
  int i , n ;
  for  (n=101 ;n<200;n+ =2) /*外循环:为内循环提供一个整数n */
      { for( i=2 ; i<= n-1 ; i+ + ) /*内循环:判断整数n是否是素数*/
           if(n%i= =0)      /*n不是素数*/
            break;          /*n不是素数时,强行退出内循环,回到外循环继续*/
           if(i>=n )     /* n是素数时,输出n  */
            printf(" %5d",n);
      }
}
```

【想一想】

1. 外层循环控制变量与内层循环控制变量的变化规律是什么？
2. 程序中语句的层次结构是什么？

【例5-24】输出九九乘法表。

```
#include <stdio.h>
main( )
{
    int i,j;
    for (i=1;i<=9;i+ + )  /*外循环变量i从1到9,共9次,每循环一次打印一行*/
      {
         for(j=1;j<=9;j+ + )        /*内循环变量j从1到9,共循环9次,每循环一次打印输出
                                       一个数*/
           printf(" %d* %d= % -4d",i,j,i*j);  /*内循环1条语句,将i*j的结果左对齐输出*/
         printf("\n");   /*内循环在一行输出9个数后结束循环,换行自动跳到下一行的起点,为下
                           一行的输出做准备*/
      }
}
```

说明： i为外循环变量，j为内循环变量。外循环执行一次，内循环要循环9次，外循环循环了9次，内循环共循环了81次。打印二维图形，一般是外循环控制输出的行数，内循环控制每行输出的个数。

【想一想】

1. 内外循环控制变量的变化规律是什么？

2. 若将内循环语句 for（j=1；j<=9；j++）改为 for（j=1；j<=i；j++）则将输出什么图形？

【例 5-25】一个数如果恰好等于它的因子（不包括本身）之和，就是“完全数”，找出 1500 以内的所有完全数。

分析：这一个题目要用两重循环嵌套，外循环是 2～1500 所有的数（因为 1 只有本身是它的因子，因此 1 不在考虑范围之内），内循环是要判断某一个具体的数是否是完全数。在内循环体要求出一个具体的数的所有因子，并对所有的因子进行求和，在内循环体下一条语句判断和是否与这个数相等，如果相等则是，否则不是。

```
main( )
{  int i,j,sum;
   for(i=2;i<=1500;i++)
   {  sum=1;
      for(j=2;j<=i/2;j++) /* 内循环求外循环变量 i 的因子 */
        if(i%j==0) /* 如果 j 是 i 的因子 */
          sum=sum+j;
        if(sum==i)
          printf("%5d",i);
   }
}
```

运行结果：

```
6  28   496
```

【例 5-26】打印如下图形：

```
*
* *
* * *
* * * *
* * * * *
```

分析：这是一个简单的二维图形：5 行，8 列。用二重循环设计程序正好合适。这里循环次数已知，使用 for 语句循环更方便。用变量 i 表示行号，取值范围 1 到 5；变量 j 表示列号，取值范围 1 到 8。

因为打印图形是按行打印，先打印第一行，再打印第二行，……所以应该由内循环完成行的打印。对某一行 i，有循环：for(j=1;j<=8;j++)　printf("*");

实现对 i 行的打印，打印出第 i 行：“* * * * * * * * ”。

所以 j 就是内循环变量了。外循环 i 是控制行号的，i 是外循环变量。

```
main( )
{
```

```
    int i , j ;
    for (i = 1 ; j< = 5 ; i+ + )
      {  for ( j = 1 ; j< = 8 ; j+ + )  printf (" * ") ;
         printf ("\n");
    }
}
```

【想一想】

1. printf (“\n”);的作用是什么？是打印这个图形所必需的吗？
2. 内循环中的大括号“{}”也是必需的吗？其作用是什么？
3. 如果要输出等腰三角形，应如何进行设计？

第 6 章　用数组处理批量数据

学习目标

1. 重点掌握一维数组的定义与引用。
2. 基本掌握二维数组的定义与引用。
3. 重点掌握字符型数组的定义与引用。
4. 能正确使用字符串处理函数。
5. 学会使用数组解决实际问题。

前面的程序中使用的都是基本数据类型，如整型、浮点型、字符型，这些都是简单的数据类型。对于简单的问题，使用这些简单的数据类型就可以了。但是对于一些复杂的数据，使用这些简单的数据类型就不能解决问题了。例如，一个班上有 30 个学生，求某一门课的班级平均分。从理论上来讲，把 30 个学生的成绩加起来再除以 30 就行了。问题是怎样表示这 30 个学生的成绩呢？可以使用 30 个 float 类型的变量 S1，S2，S3，…，S30 来表示。但是，这样表示带来两个问题，一是烦琐，要定义 30 个变量，如果有 1 000 个学生不是更麻烦吗？二是没有反映出这些数据的内在联系，实际上这些数据是同一个班级、同一门课程的成绩，它们具有相同的属性。

结合数学中集合的概念，我们可以想象出这些数据都是同一种数据类型，那就可以使用相同数据类型的集合——数组来解决这个问题。在 C 语言中，数组是一种构造类型，即它是由基本数据类型的数据按照一定规则组成的新类型，数组中每个值的类型必须与数组的类型相同，由相同的数组名和不同的下标来唯一确定数组中的元素。

本章就介绍在 C 语言中怎样使用数组来处理同类型的批量数据。

6.1　一维数组

6.1.1　一维数组的定义

要使用数组，必须在程序中先定义数组，即通知计算机由哪些数据组成数组，数组中有多少元素，属于哪个数据类型。否则计算机不会自动把一批数据作为数组处理。

定义一维数组的一般形式为：

```
数据类型 数组名[常量表达式];
```

例如：

```
int a[10];
```

它表示定义了一个整型的数组，数组名为 a，此数组有 10 个整型元素。

说明：

（1）数组名的命名规则和变量的命名规则相同，应遵循标识符命名规则。

（2）定义数组时，需要指定数组中元素的个数（即数组的长度）。

（3）常量表达式中可以包括常量和符号常量，如 int a[3+5]；int a[4*4+3] 是合法的。不能包含变量，如 int a[n]；是不合法的。即在 C 语言中不能对数组的长度做动态定义，也就是说，数组的大小不依赖于程序运行过程中变量的值。如下面对数组的定义是不行的：

```
int n;
scanf("%d",&n);
int x[n];
```

（4）定义数组时，C 语言分配足够的内存来存放所有元素，并且这些元素在内存中是连续存放的，数组名本身表示内存的首地址。例如，定义数组 float score[100]；，每个元素都是 float 类型，需要占用 4 字节，因此需要分配 4*100 字节的内存。

如 int a[10]；在内存中数据的存储分配如下。

1	2	3	4	5	6	7	8	9	10
a[0]	a[1]	a[2]	a[3]	a[4]	a[5]	a[6]	a[7]	a[8]	a[9]

6.1.2　一维数组的引用

在定义数组并对其中各元素赋值后，就可以引用数组中的元素了。引用数组元素的形式为：

```
数组名[下标]
```

其中下标只能是整型常量、整型变量或整型表达式，如果为小数则取整，下标表示该元素在数组中的位置。例如：

a[3]，a[i+j]，a[i++] 都是合法的数组元素。

a[0] 代表数组 a 中序号为 0 的元素，它和一个简单变量的地位和作用相似。

在引用过程中应注意以下几点。

（1）数组元素也称为下标变量，所以必须先定义后引用，并且只能引用数组元素而不能一次引用整个数组。

例如，输出有 10 个元素的数组必须使用循环语句逐个输出各下标变量：

```
for(i=0; i<10; i++)     printf("%d",age[i]);
```

而不能用一个语句输出整个数组，下面的写法是错误的：

printf("%d", age);

（2）引用时，下标的值不要超过数组的范围，例如 a[5] 下标值应控制在 0～4 范围内，因为 C 编译时不检查是否出界。

由于数组是多个元素的集合，在程序中经常需要对数组的部分或所有元素一起进行处理，因此一维数组经常和循环搭配使用。

【想一想】

1. 变量 score 是实型数据，通过循环语句赋值时，是否可以通过键盘输入小数？

2. 输出函数中，%.2f 表示什么意思？

6.1.3　一维数组的初始化

为了使程序简洁，常在定义数组的同时，给数组各元素赋值，这称为数组的初始化。可以用“初始化列表”方法实现数组的初始化。

初始化赋值的一般形式为：

```
类型说明符 数组名[常量表达式] = {值,值…… 值};
```

在“｛｝”中的各数据值即为各元素的初值，各值之间用逗号间隔。

例如：

```
int a[10] = { 0,1,2,3,4,5,6,7,8,9 }; 相当于 a[0] = 0;a[1] = 1 … a[9] = 9;
```

（1）在定义数组时对全部数组元素赋予初值。

```
int a[10] = {1,2,3,4,5,6,7,8,9,10};
```

将各个元素的值放在一对花括号内，各元素之间用逗号分隔的形式为数组赋值。执行上面的语句后，a[0]＝1，a[1]＝2，a[2]＝3，a[3]＝4，a[5]＝6，a[6]＝7，a[7]＝8，a[8]＝9，a[9]＝10。

和普通变量一样，若数组没有显示赋值，其元素是不固定的。

注意：

元素值的类型必须和数组的类型匹配，并且“{}”中的值的个数不要超过数组的长度。

（2）只为部分元素赋值。

```
int a[6] = {3,6,4};
```

执行该语句后，a[0]～a[2] 分别赋了 3，6，4，而 a[3]～a[5] 的值为 0。注意：如果数组的类型为浮点型，没有具体赋值的元素值是 0.0。

（3）给数组的全部元素赋同一个值。

```
int a[4] = {1,1,1,1};
int a[5] = {0};或 int a[5] = {};
for(i = 0;i<10;i + + ) a[i] = 1;
```

（4）如果在“{}”中指定了所有的元素，则数组的长度可以省略不写。

```
int a[10] = { 0,1,2,3,4,5,6,7,8,9 };
```

可改写为：

```
int a[ ] = { 0,1,2,3,4,5,6,7,8,9 };
```

C语言编译器根据赋值的个数自动定义数组的长度为10。但如果没有指定所有的元素，则数组长度不能省略。

6.1.4 一维数组的使用举例

【例6-1】输出Fibonacci（斐波拉契）数列的前10项。

分析：Fibonacci数列是这样的一组数据：1，1，2，3，5，8，13，21…，根据这个数列的规律，可以看出第一项是1，第二项是1，从第三项开始是相邻前两项数据之和，即a[i]=a[i-1]+a[i-2]。因此，先定义一个10个元素的整型数组，再根据这个规律输出数列。

```
#include "stdio.h"
void main( ){
  int a[10] = {1,1},i;
  for (i = 2;i<10;i + + )
      a[i] = a[i-1] + a[i-2];
  for (i = 0;i<10;i + + )
      printf(" %d\t",a[i]);
  getch( );
}
```

运行结果：

```
1  1  2  3  5  8  13  21  34  55
```

【例6-2】找出10个学生中成绩低于平均成绩的人数并输出。

分析：可以定义一个长度为10的实型数组score来存储10个学生的成绩。先计算出平均成绩，然后统计成绩低于平均成绩的人数。

```
#include "stdio.h"
void main( ){
  int i,count = 0;
  float score[10],ave;
  printf("请输入10个学生的成绩:\n");
  for (i = 0;i<10;i + + ){
      scanf(" %f",&score[i]);
      ave + = score[i];
  }
  ave = ave/10;
  printf("\n10个学生的平均成绩是: %.2f",ave);
  for (i = 0;i<10;i + + )
      if(score[i]<ave) count + + ;
  printf("\n低于平均成绩的学生人数是: %d",count);
  getch( );
```

```
}
```

运行结果：

```
请输入 10 个学生的成绩:
89  98  83  29  39  22  89  78  76  65
10 个学生的平均成绩是:66.80
低于平均成绩的学生人数是:4
```

【例 6-3】输入 10 个整型数据，并输出最大值和最小值。

分析：可以定义 10 个长度的整型数组来存储这 10 个数据，再假设第一个是最大值和最小值，从第 2 个值开始，利用循环逐个比较，从而得到最大值和最小值。

```
#include "stdio.h"
void main( ){
  int a[10],i,max,min;
  printf("请输入 10 个整数:\n");
  for (i=0;i<10;i++)
     scanf("%d",&a[i]);
  max=min=a[0];
  for (i=1;i<10;i++){
     if(max<a[i]) max=a[i];
     if(min>a[i]) min=a[i];
  }
  printf("最大值=%d\t 最小值=%d",max,min);
  getch( );
}
```

运行结果：

```
请输入 10 个整数:
83  839  92  84  1  3  394  302  93  84
最大值=839        最小值=1-
```

【例 6-4】输入 10 个整数并按从大到小进行输出。

分析：选定一个长度为 10 的整型数组来存储这 10 个数，先用游标来标识第一个数据，再利用循环从当前位置的下一个位置开始比较，如果当前标识的位置的值比当前寻找位置的值小，则变换相应位置的值。

```
#include "stdio.h"
void main( )
{
  int i,j,p,q,s,a[10];
  printf("\n input 10 numbers:\n");
  for (i=0;i<10;i++)
     scanf("%d",&a[i]);
  for(i=0;i<10;i++){
```

```
    p = i;q = a[i];
    for (j = i + 1;j<10;j + + )
        if(q<a[j]){
          p = j;q = a[j];
        }
    if (i! = p){
       s = a[i];a[i] = a[p];a[p] = s;
    }
    printf(" % d\t",a[i]);
  }
}
```

运行结果：

```
input 10 numbers:
78  63  18  11  34  21  42  28  48  13
78    63    48    42    34    28    21    18    13    11
```

注意：

（1）通过学习上述案例可以看出：对一批按一定规律又存在逻辑上联系的数据，利用数组进行处理时，是利用数组名称变化以及取值规律，与循环语句结合，实现对数组元素的连续、有规律的操作。

（2）对数组的操作实质是建立在对各数组元素操作的基础之上，每个数组元素实际是形式较为特殊的单个变量，拥有统一的名称和按规律变化的下标号，在使用中与一般的单个变量没有本质的区别。

6.2 二维数组

6.2.1 二维数组的定义

一维数组是包含一个下标的数组，可以称为单下标变量，二维数组是指包含两个下标的数组。二维数组的定义格式为：

```
数据类型 数组名[常量表达式 1][ 常量表达式 2];
```

其中，常量表达式 1 确定二维数组的行数，常量表达式 2 确定二维数组的列数，二维数组元素存储和排列顺序是：整体按行从上到下存放，行内又按从左到右存放，二维数组元素的个数等于总行数与总列数之积。二维数组下标都是从 0 开始编号，行下标和列下标的最大值均比定义的行数和列数少 1。

例如：

```
int a[3][4];
```

定义名称为 a 的整型二维数组，数组分为 3 行 4 列，共有 3×4＝12 个元素。

说明了一个三行四列的数组，数组名为 a，其下标变量的类型为整型。该数组的下标变量共有 12 个，即：各元素的排列顺序为：

```
a[0][0],a[0][1],a[0][2],a[0][3]
a[1][0],a[1][1],a[1][2],a[1][3]
a[2][0],a[2][1],a[2][2],a[2][3]
```

可以看出，二维数组和一维数组基本类似，只是多了一个下标。其中的“常量表达式”的规则和一维数组相同。同时，常量表达式也可以预先定义一个名字。如：

```
#define M 3
#define N 5
int c[M][N];
```

定义了二维数组 c，它是一个具有 M 行 N 列的二维数组，共有 M＊N 个元素。相当于定义“int c[3][5]”，这样做的好处是要改变行数或列数只要改变 M 或 N 所代表的值即可。

6.2.2　二维数组的引用

二维数组可以形象地看作以下行与列组成的二维表格。

c[0][0]	c[0][1]	c[0][2]	c[0][3]	c[0][4]
c[1][0]	c[1][1]	c[1][2]	c[1][3]	c[1][4]
c[2][0]	c[2][1]	c[2][2]	c[2][3]	c[2][4]

每个单元格代表一个元素，因此只需要指定行标和列标即可引用二维数组元素，二维数组元素的引用方式为：

```
数组名[行下标][列下标]
```

注意：

数组下标从 0 开始，根据前面所定义的 int c[M][N];，行标范围是 0～M－1，列标范围是 0～N－1。

正因为二维数组有两个下标，所以在应用过程中常结合双重循环使用，例如：

```
for (i = 0;i<M;i + + ){
    for(j = 0;j<N;j + + ){
      printf(" % 3d",a[i][j]);
    }
}
```

【例 6－5】一个学习小组有 5 个人，每个人有 3 门课的考试成绩，见表 6－1。求全组分科的平均成绩和各科总平均成绩。

表 6-1 成绩表

	张	王	李	赵	刘
Math	80	61	59	85	76
C	75	65	63	87	77
html	92	71	70	90	85

分析：可设一个二维数组 a[5][3] 存放 5 个人 3 门课的成绩。再设一个一维数组 v[3] 存放所求得的各分科平均成绩，设变量 average 为全组各科总平均成绩。

```
main( )
{
  int i,j;
  float s=0,average,v[3],a[5][3];
  printf("input score\n");
  for(i=0;i<3;i++)
  {
    for(j=0;j<5;j++)
    {
      scanf("%f",&a[j][i]);
      s=s+a[j][i];
    }
    v[i]=s/5;
    s=0;
  }
  average =(v[0]+v[1]+v[2])/3;
  printf("math:%f\n c languag:%f\nhtml:%f\n",v[0],v[1],v[2]);
  printf("total:%f\n", average );
}
```

运行结果：

```
input score
80 61 59 85 76
75 65 63 87 77
92 71 70 90 85
math:72.199997
clanguag:73.400002
html:81.599998
total:75.733330
```

说明：程序中首先用了一个双重循环。在内循环中依次读入某一门课程的各个学生的成绩，并把这些成绩累加起来，退出内循环后再把该累加成绩除以 5 送入 v[i] 之中，这就是该门课程的平均成绩。外循环共循环 3 次，分别求出 3 门课各自的平均成绩并存放在 v 数组之中。退出外循环之后，把 v[0]，v[1]，v[2] 相加除以 3 即得到各科总平均成绩。最后按题意输出各个成绩。

6.2.3 二维数组的初始化

二维数组初始化与一维数组类似，二维数组可按行分段赋值，也可连续赋值。

例如，对数组 a[5][3] 可采用如下方式赋值。

（1）按行分段赋值可写为：

```
int a[5][3] = { {80,75,92},{61,65,71},{59,63,70},{85,87,90},{76,77,85} };
```

（2）按行连续赋值可写为：

```
int a[5][3] = { 80,75,92,61,65,71,59,63,70,85,87,90,76,77,85};
```

这两种赋初值的结果是完全相同的。

说明：

（1）可以只对部分元素赋初值，未赋初值的元素自动取 0 值。

例如：

```
int a[3][3] = {{0,1},{0,0,2},{3}};
```

赋值后的元素值为：

$$\begin{pmatrix} 0 & 1 & 0 \\ 0 & 0 & 2 \\ 3 & 0 & 0 \end{pmatrix}$$

（2）对全部元素赋初值，可以省略第一维的定义，但不能省略第二维的定义。系统根据初始化的数据个数和第二维的长度可以确定第一维的长度。例如：

```
int a[ ][3] = { 1,2,3,4,5,6};
```

a 数组的第一维的定义被省略，初始化数据共 6 个，第二维的长度为 3，即每行 3 个数，所以 a 数组的第一维是 2。

一般，省略第一维的定义时，第一维的大小按如下规则进行计算。

初值个数能被第二维整除，所得的商就是第一维的大小；若不能整除，则第一维的大小为商再加 1。

例如：

```
int a[ ][3] = { 1,2,3,4};
```

等价于：

```
int a[2][3] = { 1,2,3,4};
```

例如：

```
int a[3][3] = {1,2,3,4,5,6,7,8,9};
```

可以等价为：

```
int a[ ][3] = {1,2,3,4,5,6,7,8,9};
```

（3）不能用花括号跳过中间的行进行初始化。例如：

```
int a[3][3] = {{0,1},{ },{3}};
```

(4) 数组是一种构造类型的数据。二维数组可以看作由一维数组的嵌套而构成的。因为二维数组的每一行具有相同名称即行名，不同的下标即列标，这就符合数组的定义。也可以说二维数组由多个一维数组元素组成。当然，前提是各元素类型必须相同。根据这样的分析，一个二维数组也可以分解为多个一维数组。C语言允许这种分解。

如二维数组 a[3][4]，可分解为3个一维数组，其数组名分别为：

```
a[0]、a[1]、a[2]
```

对这3个一维数组不需另做说明即可使用。这3个一维数组都有4个元素，例如：一维数组 a[0] 的元素为 a[0][0]，a[0][1]，a[0][2]，a[0][3]。

必须强调的是，在定义了 a 为二维数组以后，a[0]，a[1]，a[2] 是对应行的名称，是3个一维数组。

6.2.4 二维数组的使用举例

【例6-6】 随机产生一个6*5，得到30个100以内的随机整数，找出其中小于28的个数并输出。

程序代码

```
#include "stdio.h"
#include "time.h"
void main( ){
  int a[6][5],i,j,count = 0;
  /* 产生30个100以内的随机整数并输出 */
  srand(time(0));
  for(i = 0;i<6;i + +){
    for (j = 0;j<5;j + +){
        a[i][j] = rand( ) % 100;
        printf(" %d\t",a[i][j]);
    }
    printf("\n");
  }
    for(i = 0;i<6;i + +){
    for (j = 0;j<5;j + +){
        if(a[i][j]<28) count + +;
    }
  }
  printf("count = %d",count);
}
```

运行结果：

```
56      92      19      90
5       96      26      63
68      89      62      53
```

```
93      83      49      42
max = 96    min = 5
```

【例 6-7】在二维数组 a 中选出各行最大的元素组成一个一维数组 b。

```
a = (  3   16  87  65
       4   32  11  108
       10  25  12  37)
b = (87 108 37)
```

分析：在数组 A 的每一行中寻找最大的元素，找到之后把该值赋予数组 B 相应的元素即可。

```
#include"stdio.h"void.
main( )
{
  int a[ ][4] = {3,16,87,65,4,32,11,108,10,25,12,27};
  int b[3],i,j,k;
  for (i = 0;i< = 2;i + + )
      {  k = a[i][0];
         for(j = 1;j< = 3;j + + )
           if(a[i][j]>k) k = a[i][j];
         b[i] = k;}
  printf("\narray a:\n");
  for(i = 0;i< = 2;i + + )
    { for(j = 0;j< = 3;j + + )
        printf(" %5d",a[i][j]);
      printf("\n");}
    printf("\narray b:\n");
  for(i = 0;i< = 2;i + + )
    printf(" %5d",b[i]);
  printf("\n");
}
```

说明：程序中第一个 for 语句中又嵌套了一个 for 语句，组成了双重循环。外循环控制逐行处理，并把每行的第 0 列元素赋予 k。进入内循环后，把 k 与后面各列元素比较，并把比 k 大者赋予 k。内循环结束时 k 即为该行最大的元素，然后把 k 值赋予 b[i]。等外循环全部完成时，数组 b 中已装入了 a 各行中的最大值。后面的两个 for 语句分别输出数组 a 和数组 b。

【例 6-8】以下程序是求矩阵 a，b 的乘积，结果存放在矩阵 C 中并按矩阵形式输出。

$$A=\begin{vmatrix}1 & 2\\3 & 4\\5 & 6\end{vmatrix}\quad B=\begin{vmatrix}7 & 8 & 9\\10 & 11 & 12\end{vmatrix}\text{ 即 }C=A*B=\begin{vmatrix}27 & 30 & 33\\61 & 68 & 75\\95 & 106 & 117\end{vmatrix}$$

分析：两个矩阵相乘的条件是前一个矩阵的列数和后一个矩阵的行数相等，乘积仍然是矩阵。即若A矩阵有m行p列，B矩阵有p行n列，则它们的乘积C矩阵有m行n列。

设A、B、C矩阵用3个二维数组表示：A数组有3行2列，B数组有2行3列，则C数组有3行3列。如：

```
C[0][0]= A[0][0]*B[0][0]+A[0][1]*B[1][0];
C[0][1]= A[0][0]*B[0][1]+A[0][1]*B[1][1];
C[0][2]= A[0][0]*B[0][2]+A[0][1]*B[1][2];
C[1][0]= A[1][0]*B[0][0]+A[1][1]*B[1][0];
```

依此类推即可求出C矩阵其他元素的值。

从以上算法可以看出，需要3重循环（i、j、k）才能计算出C矩阵的各元素。

```
#include <stdio.h>
main( )
{   int a[3][2]={1,2,3,4,5,6}, b[2][3]={7,8,9,10,11,12};
     int i,j,k,s,c[3][3];
    for (i=0; i<3; i++)
        for (j=0; j<3; j++) {
            s=0;
            for (k=0; k<2; k++)    s+=a[i][k]*b[k][j];
            c[i][j]=s;
    }
    for (i=0; i<3; i++)
      {for (j=0; j<3; j++)
         printf("%6d",c[i][j]);
       printf("\n");
      }
    }
```

6.3 字符数组

在具体的应用中，字符数组是常用的一种数组类型，即数组元素为字符类型。字符数组也可以存放字符串数据。

6.3.1 字符数组的定义

字符数组的定义与前面讲的一维数组的定义类似，只是它的数据类型为char，元素的下标仍然从0开始。例如：

```
char s[10];
```

它有10个字符型元素，分别为s[0]，s[1]，s[2]，s[3]，s[4]，s[5]，s[6]，s[7]，s[8]，s[9]。

字符数组的每一个元素存储一个字符，因此对数组元素应该赋予字符类型或整数类型的值。

在C语言中，字符串是被当作字符数组来处理的，同样可以用字符数组来存储字符串。

例如：

```
char s[10] = {'h','e','l','l','o'};
```

实际上，C 语言定义了一个字符数组 s 来存储字符串“hello”，当然，s 作为一个字符数组变量也可以存储其他字符串的内容。

C 语言规定字符‘\0’（一个 ASCII 值为 0 的字符）作为字符串的结束标记。因此，在存储字符串常量时自动在其末尾加上‘\0’。例如，字符串常量“hello”在内存中表示为：

```
h e l l o \0 \0 \0 \0 \0
```

在实际应用中，人们关心的是字符串的长度而不是字符数组的长度。上例中字符数组 s 有 10 个元素，占 10 字节，它存储的字符串长度为 5，而在内存中它占 6 字节（多存储了一个字符作为字符串结束标记'\0'）。

6.3.2　字符数组的初始化

字符数组的初始化同一维数组的初始化类似。字符数组的初始化可以全部赋值也可以部分赋值。例如：

```
char s[9] = {'w','e','l','c','o','m','e'};
```

该定义只对前 7 个元素进行赋值，后 2 个元素为字符'\0'。它在内存中表示为：

```
w e l c o m e \0 \0
```

同其他数组一样，若“{}”内有字符个数超过长度将按语法错误处理。例如：

```
char s[10] = "thank you";
```

这两种书写更简洁，但书写方式在使用时字符个数应少于数组长度，确保末尾至少有一个'\0'，这样做是为了程序处理方便和避免出错。例如：

```
char s[] = {"this is a dog"},s2[] = "Nice to meet you";
```

在定义字符数组时，若一维长度缺省，则字符串长度由赋值号右边的字符串常量的字符个数决定。系统在字符串常量末尾自动加上一个‘\0’作为结束标记。“this is a dog”的长度为 13，因此字符数组 s 的数组长度为 14，依此类推，s2 的数组长度为 17。

6.3.3　字符数组的输入与输出

同其他类型的数组一样，字符数组的输入与输出也可以逐个元素进行处理。但由于字符数组本质上存储的是字符串数据，因此字符数组也可以按照字符串形式处理，可以整体输入和输出。

（1）对字符数组的元素进行逐个处理，例如：

```
char s[10];int i;
for (i = 0;i<10;i + + ){
    scanf(" %c",&s[i]);
}
for (i = 0;i<10;i + + ){
    printf(" %c",s[i]);
```

```
}
```

（2）使用格式符“%s”对字符数组进行整体输入与输出。

1）使用 scanf 函数对字符数组进行整体输入。例如：

```
char s[20];
scanf("%s",s);
```

执行语句时，从键盘输入一个字符串赋值给 s，例如，输入：

```
nicetomeetyou↙
```

系统将在该字符串后自动加上结束标记'\0'后赋值给 s，因此，对于上述程序而言，数组 s 最多只能接受用户输入的 19 个字符，超过将产生不可预料的结果。

注意：

（1）使用 scanf 函数对字符串进行整体输入时，系统会以空格、TAB 键和回车键作为一个字符串的输入结束标记。因此对于上例，如果输入：

```
nice to meetyou↙
```

数组 s 实际上只能接受 nice 这几个字符。

（2）因为数组名本身表示数组在内存中的首地址，在 scanf 的格式中无须再对 s 使用 & 运算符，因此下面的写法是错误的。

```
scanf("%s",&s);
```

2）使用 printf 函数对字符数组进行整体输出。

例如：

```
char s[20]="Hello,John";
printf("%s",s);
```

在输出的过程中，系统会检测到字符串结束标记'\0'时就结束输出。因此输出的结果为：

```
Hello,John
```

注意：

（1）以“%s”格式输出时，该格式表示输出字符串，因此在输出时应该写数组名，不是使用数组元素的形式，像下面的语句就是错误的。

```
printf("%s",s[2]);
```

（2）输出时，系统会逐个的字符的检查，当遇到第一个'\0'时就结束输出，即使该字符后面还有其他的字符都不会输出。例如：

```
char s[20]="My name is Lucy\0,and you?";
printf("%s",s);
```

输出的结果为：

```
My name is Lucy
```

（3）若数组是以字符形式对全部元素赋值，且元素中不包括'\0'，采用"%s"格式输出时检测不到结束标记，因此除了输出全部字符外还额外输出一些其他的未知字符。

（3）使用字符串函数gets和puts对字符数组进行整体输入与输出。在使用这两个函数之前必须要包括头文件"stdio.h"。

1）使用gets函数对字符数组进行整体输入。gets函数的一般格式为：

```
gets(字符数组名)
```

例如：

```
char s[20];
gets(s);
```

若从键盘上输入：

```
this is a cat! ↙
```

会发现输出的结果也是：

```
this is a cat!.
```

由此可见，gets函数是以回车键作为数据输入结束的标记，空格也作为字符串的一部分输入，这一点与scanf函数不同。

2）使用puts函数对字符数组进行整体输出。puts函数的一般格式为：

```
puts(字符数组名)或puts(字符串常量);
```

例如：

```
char s[40] = "welcome to our school\0John";
printf(" %s",s);
puts(s);
puts("than you");
```

输出的结果是：

```
welcome to our school welcome to our school
thank you
```

可以看出，puts与printf函数大致相同，都能输出字符串遇到的第一个'\0'之前的所有字符，不同之处在于，puts函数输出字符串后自动换行，而printf函数不会。即

puts（s）与printf（"%s\n"，s）等价。

6.3.4　字符数组函数的使用

C语言提供了丰富的字符串处理函数，大致可分为字符串的输入、输出、合并、修改、比

较、转换、复制、搜索几类。使用这些函数可大大减轻编程的负担。用于输入输出的字符串函数，在使用前应包含头文件“stdio. h”，使用其他字符串函数则应包含头文件“string. h”。在 C 语言提供的处理字符串处理的函数中，比较常用的有 strlen（ ）、strcpy（ ）、strcat（ ）和 strcmp（ ）4 个函数，下面就对这 4 个函数进行具体分析。

1. strlen（str）

函数功能：返回字符串 str 的字符长度，即首次出现‘\0’之前的字符个数。

参数要求：字符串 str 既可以是字符串常量，也可以是字符数组。

例如：

```
char str[10] = "abcd";
printf(" %d",strlen(str));
```

运行结果：

```
4
```

此函数是如何实现这个功能的呢？我们来分析一下。

用一个游标 i=0 先定位到字符串 str[i]，判断当前字符是否为字符串结束标志\0，如果不是则计数器 count++，再把游标移到下一个字符再进行判断是否为字符串结束标志\0，如果不是则继续判断，如果是结束标记就结束判断，返回 count 的值即为该字符串的长度。

具体的实现代码如下。

```
#include "stdio.h"
void main( ){
    char str[ ] = "thank you,John";
    int count = 0,i = 0;
    while(str[i]! = '\0'){
        count + + ;  //如果不是字符串结束标记就计数
        i + + ;      //把游标移到一个位置
    }
    printf("string length= %d",count);
    getch( );
}
```

【想一想】

1. 如何优化精简以上代码？
2. 如何把上述代码中的 while 循环改成 for 循环？

2. strcpy（s1，s2）

函数功能：把字符串 s2 的内容移到字符串 s1 内。

参数要求：s1 必须是容量足够大的字符数组；s2 既可以是字符串常量，也可以是字符数组。

例如：

```
char s1[ ] = "hello",s2[ ] = "John"
strcpy(s1,s2);
puts(s1);
```

运行结果：

```
John
```

注意：

使用此函数时，字符串 s1 要有足够大的空间来容纳字符串 s2 的内容，否则会出现未赋值的字符。

此函数是如何实现这一功能的呢，我们来分析一下。

用一个游标 i 定位到字符串 s1，另一个游标 j 定位到字符串 s2，当 i＝0，j＝0 时，s1[i]＝s2[j]，然后游标 i，j 分别往后移动，执行 i＋＋，j＋＋，直到 s2[j]＝＝‘\0’时结束赋值，再插 s1[i]＝‘\0’。

具体的实现代码如下。

```
#include "stdio.h"
void main( ){
    char s1[100] = "hello,welcome!",s2[20] = "Thank you!";
    int i = 0,j = 0;
    while(s2[j]! = '\0'){
        s1[i] = s2[j];
        i+ +; j+ +;
    }
    puts(s1);
}
```

【想一想】

1. 上述代码还可以优化吗？
2. 如果要把上面的 while 循环改写成 for 循环，如何实现呢？

3. strcat（s1，s2）

函数功能：把字符串 s2 连接到字符串 s1 的后面构成一个新的字符串并存入字符串 s1 中。

参数要求：s1 必须是容量足够大的字符数组；s2 既可以是字符串常量，也可以是字符数组。

例如：

```
char s1[100] = "Can you tell me your name?",s2[20] = "Yes,I'm lucy";
```

```
strcat(s1,s2);
puts(s1);
```

运行结果：

```
Can you tell me your name?Yes,I'm lucy
```

注意：

使用此函数时，字符串 s1 要有足够大的空间来容纳字符串 s2 的内容，否则会出现未赋值的字符。

此函数是如何实现在这一功能的呢？我们来分析一下。

用一个游标 i 定位到字符串 s1，另一个游标 j 定位到字符串 s2，先使用循环寻找到 s1 的结束标记'\0'，再执行 s2[j] 赋值给当前的 s1[i]，然后游标 i，j 分别往后移动，执行 i++，j++，直到 s2[j]=='\0'时结束赋值，再插 s1[i]='\0'。

具体的实现代码如下。

```
#include "stdio.h"
void main( ){
    char s1[100] = "What your phone number?",s2 = "139 * * * * 8899";
    int i = 0,j = 0;
    while(s1[i]! = '\0') i + +;
        while(s2[j]! = '\0'){
        s1[i] = s2[j];
        i + +; j + +;
    }
    s1[i] = '\0';
    puts(s1);
}
```

【想一想】

1. 以上代码如何优化？
2. 如何把上述代码中的 while 循环改写成 for 循环？

4. strcmp（s1，s2）

函数功能：比较字符串 s1 和字符串 s2 内容的大小。

参数要求：s1 和 s2 既可以是字符串常量，也可以是字符数组。

字符串比较并不是比较它们的长度，而是依据这样的规则：对两个字符串从左至右依次比较对应的字符（按照字符的 ASCII 码值进行比较），直到遇到不同字符为止。若全部字符相同，则认为两个字符串相等，否则以遇到的第一个不同字符的大小来决定两个字符串的大小。

两个字符串的比较不能通过比较运算符来实现，因为使用比较运算符实际上是比较两个字符串存储位置的先后，而不是比较它们内容的大小。

例如：

"abc"　　大于"ABC"　　　　（因为'a'>'A'）
"abCdef"　小于"abcd"　　　（因为'C'<'c'）
"ABC"　　等于"ABC"
"COM"　　小于"COMPUTER"

调用函数 strcmp(s1，s2) 的结果：

若 s1 小于 s2,则函数返回值 <0
若 s1 等于 s2,则函数返回值 = = 0
若 s1 大于 s2,则函数返回值 >0

例如：

```
#include "stdio.h"
#include "string.h"
void main( ){
   char s1[30],s2[30]; int cmp;
   gets(s1); gets(s2);
   cmp = strcmp(s1,s2);
   if(cmp>0) printf("s1>s2");
   else if(cmp = = 0) printf("s1 = = s2");
   else if(cmp<0) printf("s1<s2");
   getch( );
}
```

第7章　指　　针

学习目标

1. 理解地址和指针的概念。
2. 重点掌握指针变量的定义和引用。
3. 重点掌握指向数组的指针和通过指向数组的指针操纵数组。
4. 重点掌握指向字符串的指针和通过指向字符串的指针操纵字符串。
5. 理解指向指针的指针、指针数组等概念。

7.1　地址和指针

7.1.1　地址和指针的概念

对于程序中定义的每一个变量，编译时系统会根据这个变量在定义时的数据类型，分配一定长度的内存单元。而计算机内存中的每一个存储单元都有固定的编号，这个编号称为地址。不同数据类型占用不同字节的存储空间，但每字节都有对应的地址。通常把每个数据第一字节的地址称为该存储单元的起始地址。例如，程序中若有如下定义：

```
char c1 = 'A'; int a = 2; float f1 = 5.0;
```

编译系统则为变量 c1 分配 1 字节的存储单元，为变量 a 分配 2 字节的存储单元，为变量 f1 分配 4 字节的存储单元。如图 7－1 所示。

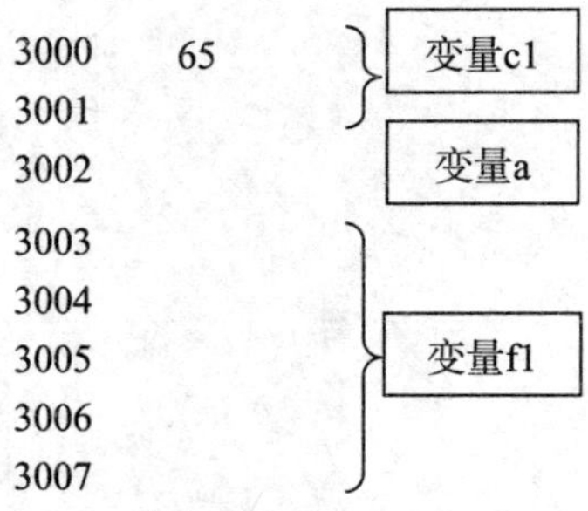

图 7－1　变量的地址

变量c1的地址是3000，地址3000单元中的内容是字符A所对应的ASCII码值，变量a的地址是3001，地址3001单元中的内容是十进制数2（存放时以补码形式），变量f1的地址是3003，地址3003单元中的内容是5.0（存放时以指数形式）。

程序中对内存单元的存储操作是通过访问变量名来实现的，实质上，程序经过编译后，变量名被转换成变量的地址，对变量值的存取都是通过地址进行的。这种通过变量名访问变量值的方式，称为直接访问方式。

变量的地址称为变量的指针。指针就是地址，是记录变量存储单元位置或者说是反映变量地址的正整数。指针是一个大小固定为2字节的变量，不管什么类型都是用于存放一个地址的信息。在上例中，假设变量c1的指针是3000，则变量a的指针是3001，变量f1的指针是3003。

C语言中还可以采用间接访问的方式，即将一个变量i的地址放在另一个变量p中，然后通过该变量p找到变量i的地址，再访问变量i。这里的p就是一种特殊的变量，它是用来专门存放地址的，称为指针变量。例如整型变量i的地址，指针为3000，指针变量所在内存单元中存放的内容是地址值3000。指针变量p和变量n的关系如图7-2所示。

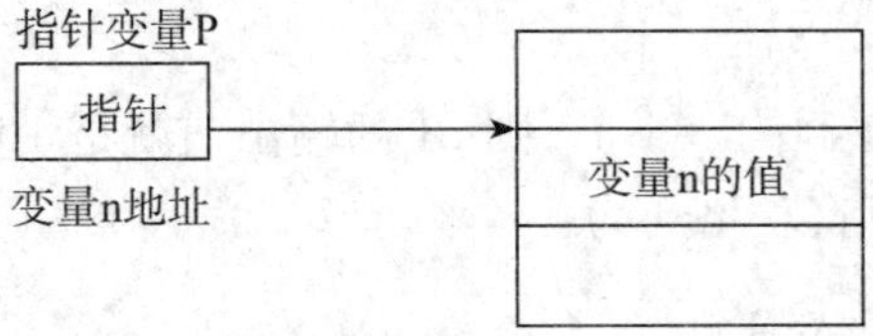

图7-2 指针变量p和变量n的关系

一个指针变量p包含另一个变量n地址的关系称为指向关系，即p指向n。

7.1.2 指针变量的定义与引用

1. 指针变量的定义

C语言规定，变量在使用之前必须定义，指针变量也是如此。

指针变量定义的一般形式为：

```
〈类型标识符〉 *〈指针变量名〉;
```

其中“*”只是一个类型标识符，表示定义的是一个指针变量，不是运算符，不要与后面的指针运算符混淆，类型说明符表示指针变量所指向变量的数据类型。

例：

```
int  *p1,  *p2;
```

再如：

```
int    *p2;        /*p2是指向整型变量的指针变量*/
float  *p3;        /*p3是指向浮点变量的指针变量*/
char   *p4;        /*p4是指向字符变量的指针变量*/
```

使用指针应注意以下几点。

（1）指针变量的类型是定义时规定指向变量的基类型，如p1、p2只能指向整型变量，不能指向实型、字符型变量或其他类型。

（2）指针变量可以和普通变量混合定义。例如：int i，*p。

（3）指针变量中只能存放地址（指针），将一个整型变量（或其他非地址类型的数据）赋给一个指针变量是不允许的。如：int *p；p=300；是错误的形式。

（4）指针变量本身占有2字节的存储空间。

（5）若一个指针变量为0（NULL），表示该指针为空，说明它没有指向任何变量。

2. 指针变量的引用

指针变量只有指向某一具体对象时，如变量、数组、函数、结构体和文件等，才有实际意义。

（1）与指针相关的两个运算符。

1）“*”称为指针运算符，“*”是单目运算符。

功能：返回操作数所指变量的值，即取指针变量所指向变量的值。

例如：

```
int i = 100, *p1;
p1 = &i;
printf("%d\n", *p1);
```

输出语句实质是*p1，相当于*&i；则p1的输出值就是100。

2）“&”：称为地址运算符，格式为：

```
〈指针变量名〉 = &〈所指向的变量名〉;
```

功能：获取指针变量所指对象存储单元的地址。“&”为单目运算符，只作用于一个操作数，它返回操作数的地址。

```
int  *p , n = 10 ;p = &n;
```

表示把变量n的地址存入指针变量p，使p指向n。这里所说的地址是变量在内存中的位置，与变量的内容无关。

使用“*”和“&”运算符时应注意以下几项。

- “*”和“&”都是单目运算符，具有互补操作功能。这两个运算符优先级相同，均按从右至左的方向结合。
- 若有&*p；则它的含义是先进行*p的运算，就是变量n，再执行&运算，获取n的地址，因此，&*p与&n相同。
- 若有*&p；则它的含义是先进行&p运算，得到n的地址，再进行*运算。获取所指向的变量的值。

（2）使指针指向某一对象的方法。

1）使用赋值语句。

先定义指针，然后用赋值语句给指针变量赋值。例如：

```
int i = 10, *p;
float j = 20, *q;
p = &i;
q = &j;
```

```
printf("%d\n", *p);
printf("%d\n", *q);
```

通过以上定义和赋值之后，指针 p 的值就是变量 i 的地址，*p 的值即是变量 i 的值，输出为 10，指针变量 q 的值就是变量 b 的地址，*q 的值即是变量 b 的值，输出为 2，如图 7-3 所示。

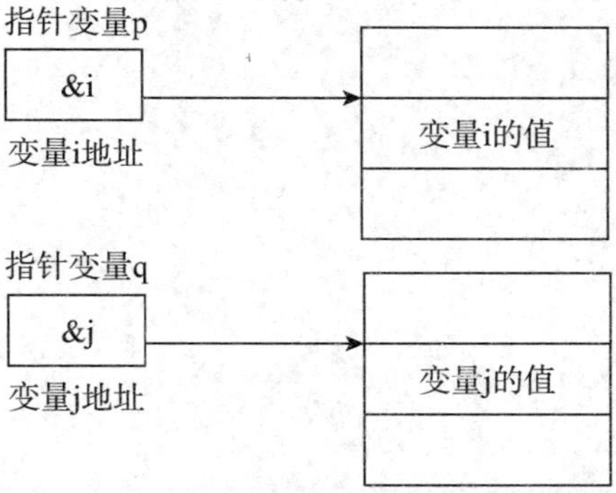

图 7-3　指针变量与所指对象的关系

再如：

```
int i=200, x;          /*定义了两个整型变量 i,x */
int *ip;               /*定义了指向整型数的指针变量 ip */
ip=&i;                 /*i 的地址赋给 ip*/
```

此时，指针变量 ip 指向整型变量 i，假设变量 i 的地址为 1800，这个赋值可理解为图 7-4 所示的关系。

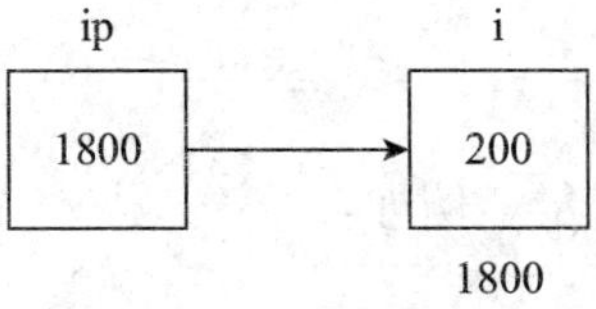

图 7-4　赋值

这样就可以通过 ip 间接访问变量 i，例如：

```
x= *ip;
```

运算符 * 访问以 ip 为地址的存贮区域，而 ip 中存放的是变量 i 的地址，因此，*ip 访问的是地址为 1800 的存贮区域（因为是整数，实际上是从 1800 开始的两字节），它就是 i 所占用的存贮区域，所以上面的赋值表达式等价于 x=i。

语句 *ip=10；表示将 10 的值送给 p 所指向的变量 i，相当于 i=10。

2）指针变量的初始化。

指针变量的初始化与普通变量一样，即在定义的同时进行赋值。例如：

```
int a;
```

```
int *p=&a;
```

指针的初始化与下面的语句等价：

```
int a, *p;
p=&a;
```

3）把数组的首地址赋予指向数组的指针变量。例如：

```
int a[5], *pa;
pa=a;
```

也可以写为：

```
pa=&a[0];
```

或采用初始化赋值方式：

```
int a[5], *pa=a;
```

指针变量初始化时应注意以下几点。

● 指针在进行初始化时，不能用尚未定义的变量给指针变量赋初值。因为编译系统根据变量定义的先后次序安排存储单元，所以要先定义变量，然后才能定义指向该变量的指针。例如：

```
int *p=&a;
int a;
```

● 指针必须存放地址值。例如：

```
int a, *p;
p=a;
```

是错误的，因为 a 不是地址值。

● 不允许把一个数赋予指针变量，例如：

```
int *p;
p=1000;
```

● 相同类型的指针变量之间可以相互赋值，但不同类型的指针不能相互赋值。

● 指针变量可以改变指向。通过指针访问它所指向的一个变量是以间接访问的形式进行的，所以比直接访问一个变量要费时间，而且不直观，因为要通过指针访问哪一个变量，取决于指针的值（即指向），例如 *p2=*p1;实际上就是 j=i;，前者不仅速度慢而且目的不明。但由于指针是变量，我们可以通过改变它们的指向来间接访问不同的变量，便于程序员灵活操作，也使程序代码更为简洁和有效。

【例 7-1】从键盘输入两个整数，按由大到小的顺序输出。

```
#include <stdio.h>
void main( )
{
  int *p1, *p2, a, b, t; /*定义整型指针变量与整型变量*/
```

```
    scanf("%d%d", &a, &b);
    p1 = &a; /*使指针变量p1指向整型变量a*/
    p2 = &b; /*使指针变量p2指向整型变量b*/
    if(*p1< *p2)
    {
      t= *p1; *p1 = *p2; *p2 = t;/*交换指针变量所指向的变量*/
    }
    printf("%d, %d\n", a, b);
}
```

说明：在该程序中，当执行赋值操作 p1 = &a 和 p2 = &b 后，指针变量 p1 与 p2 分别指向了变量 a 与 b。当引用指针变量 *p1 与 *p2 时，实际上就是表示取变量 a 与 b 的值。

上例也可用下述方法进行操作。

```
#include <stdio.h>
void main( )
{
  int *p1, *p2, a, b, *t;
  scanf("%d%d", &a, &b);
  printf("a=%d  b=%d\n",a,b);
  p1 = &a;
  p2 = &b;
  if(*p1<*p2)
  {
    t=p1;  p1=p2; p2=t;/*交换指针变量的指向*/
  }
  printf("a=%d  b=%d\n", *p1, *p2);
}
```

运行结果：

```
a=3    b=5
a=5    b=3
```

当 *p1< *p2 时，交换 p1 和 p2 的指向，交换前后的示意图如图 7-5 所示。

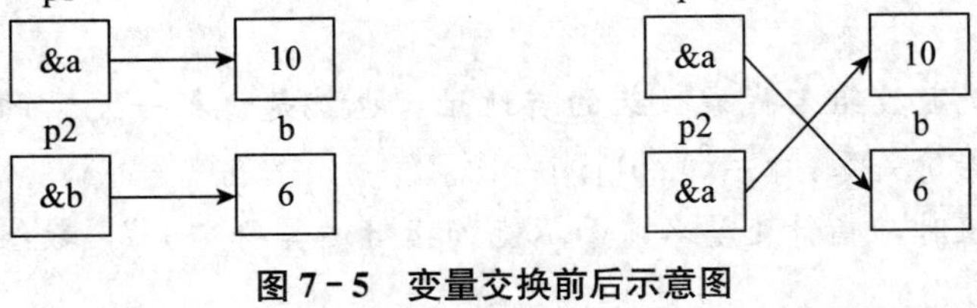

图 7-5 变量交换前后示意图

【想一想】

1. 程序实现的两种方式中，试比较循环体中语句的变化对存储单元中的数据有什么影响？

2. 后面的程序中，循环体中的语句能够成立的前提条件是什么？

7.2 指针与一维数组

数组与指针是紧密相关的，数组名是数组的首地址，数组是若干元素的有序集合，它在内存中占用一段连续的存储单元，每个元素都有相应的地址。指针变量可以指向数组和数组元素（把数组起始地址或某一元素的地址放到一个指针变量中）。所谓数组的指针是指数组的起始地址，数组元素的指针是数组元素的地址。

7.2.1 指针与一维数组的关系

数组中的元素都有下标，下标反映了数组元素的位置关系，所以访问数组元素就可以通过下标进行，C语言就是通过下标运算符“[]”，也称为访问地址运算符，对数组元素进行访问的。引用数组元素可以采用下标法（如a[5]），也可以采用指针法，即通过指向数组元素的指针找到所需的元素。用指针来实现数组的运算操作比用下标操作更方便，效率也更高。

1. 定义指向一维数组元素的指针变量

一维数组的结构包含两个层次：整个数组和组成数组的各个元素，因此指针变量与一维数组之间存在两种不同的情况。

（1）将整个数组的地址赋值给指针变量。

格式为：

```
〈指针变量〉=〈数组名〉
```

例如：

```
int a[10], *p;
p=a;
```

把数组a的起始地址赋值给指针变量p，让指针变量p指向数组a的首个元素。

注意：

（1）C语言规定数组名代表数组的首地址，也就是说第一元素的地址。因此，下面这两条语句是等价关系：p=&a[0];p=a;。

（2）进行赋值时，指针变量名前面不能加指针运算符“*”，数组名前面也不能加取地址运算符“&”。

（3）如果定义的数组为int型，那么指向数组的指针变量也应是int型。

（2）将数组某元素的地址赋值给指针变量。

格式：

```
〈指针变量〉=&〈数组名〉[下标];
```

例如：

```
int a[10], *p1;
p1 = &a[3];
```

表示指针变量指向数组中下标为3的元素，其实是a数组的第四号元素。

说明： p是变量，而a，&a [0] 都是常量。所以在程序设计中，p++；是对的，而a++；或&a [0] ++；都是错误的。

2. 通过指针引用数组元素

假设p已定义为指针变量，并已给它赋了一个地址，使它指向某一个数组元素，例如：赋值语句*p=1；表示把1赋给指针变量所指向元素的存储单元或者说对当前所指向的数组元素赋以一个值（值为1）。引入指针变量后，就可以用两种方法来访问数组元素。

（1）地址偏移法：以指针变量的当前位置为准，加或减偏移量形成新元素的地址，再通过指针运算符进行引用。例如p+1表示指针变量指向数组的下一个元素（不是把p值加1）。

也就是说，指向数组的指针变量向前或向后移动一个位置表示指针变量指向下一个数据元素的首地址，而不是在原地址基础上加1。

设指针变量为p，指针没有移动之前：

```
数组a：  a0  a1 a2  a3 a4    a5
         ↑
         p
```

p+1指针向后移动一个位置：

```
数组a：a0   a1    a2  a3    a4    a5
            ↑
            p
```

指针变量向前向后移动1个或n个位置的理解：以指针变量所指向的当前位置（指向某数组元素）为准向前或向后移动n个位置，以变量或数组元素的数据类型作为移动单位。例如，若数组元素是实型，每个元素占4字节，则p+1表示使p的地址加4字节，使它指向下一个元素，p+1所代表的地址实际上是p+1*d(d代表一个数组元素所占的字节数，对整型，d=2；对实型，d=4；对字符型，d=1)。

如果p的初值为&a[0]，则：

1）p+i和a+i就是a[i] 的地址，相当于p+i*d，其中i表示数组元素下标的取值范围，d代表一个数组元素所占的字节数，或者说它们指向a数组的第i个元素。如图7-6所示。

2）知道了数组元素的地址，就可以通过“*”运算符来求p+i或a+i所指向的数组元素*(p+i) 或*(a+i)，即a[i]。例如，*(p+5) 或*(a+5) 就是a[5]。

3）指向数组的指针变量也可以带下标，如p[i] 与*(p+i) 等价。

【例7-2】 通过指针变量p对数组a的每一个元素进行输入和输出操作。

```
main( )
```

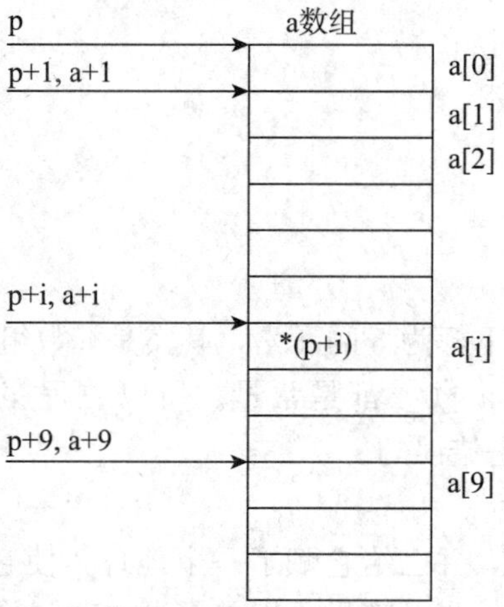

图 7-6　程序代码

```
{   int a[10], *p,i;
    p=a;
    for(i=0;i<10;i++)
      scanf("%d",p+i);
    for(i=0;i<10;i++)
      printf("%d", *(p+i));
}
```

【想一想】

1. 输入输出函数中，p+i，*(p+i) 的含义是什么？

2. 是否可以用 a+i，&a[i]，&p[i] 来代替 scanf("%d"，p+i) 中的 p+i 进行接收。

3. 是否可以用 *(a+i)，a[i]，p[i] 来代替 printf("%d"，*(p+i)) 中的 *(p+i) 进行元素值的输出操作。

(2) 指针移动法：通过对指针变量进行运算，改变其指向，使其在数组范围内移动，指向不同的元素来达到引用的目的。

7.2.2　指针的运算

指针的运算就是地址运算。根据这一特点，指针运算不同于普通变量，指针运算是有限的，除了可以通过赋值运算把指针指向某一存储单元外，还可以通过将指针与整数相加、减来移动指针。两个指针可以相减，得到两个地址之间的数据个数。指针与指针或指针与地址之间可以进行关系运算，以决定指针所指向的存储位置的先后。

1. 指针与整数相加减

可以通过指针与 1 个整数进行加减运算来移动指针，例如，p+n、p-n、p++、p--、++p、--p 等，其中 n 是整数。当进行加法运算时，表示 p 向地址增大的方向移动。相减表示 p 向地址减少的方向移动。移动的具体长度取决于指针的数据类型。

【例 7-3】 指针与整数相加减。

```
#include <stdio.h>
main( )
{
  char  ch, *ptr=&ch;
  int   a, *p=&a;
  float  f, *q=&f;
  printf("%x %x %x\n",ptr-2,ptr,ptr+2);
  printf("%x %x %x\n",p-2,p,p+2);
  printf("%x %x %x\n",q-2,q,q+2);
}
```

运行结果：

```
ffc7 ffc9 ffcb
ffc6 ffca ffce
ffc4 ffcc ffd4
```

程序运行的结果在每次运行时可能不一样。指针加减整数 n 的实质是指针从当前位置开始移动 n 个位置，每一个位置的长度即为指针要指向的数据类型所需的存储空间的字节数。设 p 是指向类型标识符类型的指针，即 p±n 得到新的地址：

$p \pm n \times sizeof(type)$

其中 type 代表数据类型标识符。

【想一想】

1. 根据输出，分析结果的算法?
2. 两个指针变量能不能进行加法运算?

【例 7-4】根据运行结果分析。

```
#include <stdio.h>
main( )
{
  int a[10];
  printf("%x \n",a);
  printf("%x \n",&a);
  printf("%x \n",&a[0]);
  printf("%x \n",&a+1);
  }
```

运行结果：

```
ffba
ffba
ffba
ffce
```

运行结果是地址形式，在不同的机器上，地址会有所不同。

【想一想】

1. 分析前 3 个输出结果为何相同？
2. 第四个输出结果为什么与前面的不同？
3. 根据结果领会 a，&a，&a[0]，&a+1 的含义？
4. 如把上述输出语句中的 a 全改为 p，请分析输出结果的含义。

```
#include <stdio.h>
main( )
{   int a[10], *p;
    p=a;
    printf("%x\n",p);
    printf("%x\n",&p[0]);
    printf("%x\n",&p);
    printf("%x\n",&p+1);
}
```

运行结果：

```
ffba
ffba
ffce
ffd0
```

2. 两个指针相减

对指向同一数组中的两个元素的指针可以进行减法运算。若指针 p 和 q 都指向同一数组的元素，且 q 指向的元素在 p 指向的元素之前，则 p−q 就是指针 p 指向的位置与指针 q 指向的位置之间的数组元素的个数。

【例 7-5】运行程序编写如下。

```
main( )
{
  int a[10]={1,2,3,4,5,6,7,8,9,10};
  int *p=a;
  int *q=a+6;
  printf("%d",q-p);
}
```

运行结果：

```
6
```

【想一想】

1. 程序中 q−p 是否可以理解为从某一数组元素的起始地址到另一元素的起始地址？
2. 如果知道元素的地址，是否可以使用以下方式进行求取？

假设p地址3000，q地址3024，则m的值为6。因为每个float型数组元素在内存中占用4字节，从地址值3000到3024共有24字节，所以m=24/4，即m=6。

即：

```
float *p, *q;   p - q = (p地址 - q地址)/sizeof(float)
```

【例7-6】 通过指针相减求字符串的长度。

```
#include <stdio.h>
main( )
{
  char  ch[ ] = "C program. ", *p;
  int  length;
  p = ch;
  while(( *p)! = '\0')
  p++;
  length = p - ch;
  printf("The length of\" %s\"is: %d\n", ch, length);
}
```

运行结果：

```
The length of "C program. " is 10
```

【想一想】

1. while((*p)! ='\0') 是否可以写为 while(*p)?
2. p++的移动特点是什么？
3. 语句 length=p-ch；是如何进行计算的？

3. 指针变量的自增与自减运算

当指针运算符和自增自减运算符同时出现并针对同一变量运算时，其位置关系不同，对应的意义也不同，例如，假设数组为：int a[5]，*p=a；则指针变量的自增自减运算形式如下。

(*p)++：即表示先取*p的值a[0]，再使所指的元素a[0]的值加1。

++(*p)：即表示先使*p的值a[0]加1，再取*p的值a[0]。

*(p++)：即表示先取*p的值，后使p加1，指向下一个元素。

*(++p)：即表示先使p加1，指向下一个元素，再取*p的值。

【例7-7】 把一个一维数组中的元素按初始顺序的倒序排列。

```
main ( )
{  int  a[10] = {12,3,45,6,20,30,78,50,66,81};
   int  *p , *q , i , t ;
   system( "graftabl 936 "); /* 调用ms-dos中文支持 */
   printf("数组元素的初始顺序:\n");
```

```
    for ( p=a , i=0 ; i<10 ; i++ )
        printf(" %4d", *(p++));
    for ( p=a,q=a+9,i=0; i<5; i++,p++,q-- )
        {  t=*p;
           *p=*q;
           *q=t;
        }
    printf("\n数组元素的最终顺序:\n");
    for ( p=a , i=0 ; i<10 ; i++ )
        printf(" %4d", *(p++));
}
```

运行结果：

数组元素的初始顺序：

```
12   3  45   6  20  30  78  50  66  81
```

数组元素的最终顺序：

```
81  66  50  78  30  20   6  45   3  12
```

【想一想】

1. 表达式 *(p++) 的运算规律是什么？
2. 掌握并领会 for 循环语句表达式 1 与表达式 3 的作用。表达式 2 能否改为i<10?
3. 能否把程序中的变量 t 改为 *t?

4. 指针变量的关系运算

指向同一数组的两指针变量进行关系运算可以比较大小，两个指针的比较运算常用于数组，其结果以判断两个指针所指数组元素位置的先后。

例如，

若 pi<pj，则 pi 所指的地址在 pj 所指的地址之前。

若 pi>pj，则 pi 所指的地址在 pj 所指的地址之后。

若 pi==pj，则 pi 所指的地址与 pj 所指的地址相同或指向同一数组元素。

若 pi!=pj，则 pi 所指的地址与 pj 所指的地址不同。

指针变量还可以与 0 比较。

设 p 为指针变量，则 p==0 表明 p 是空指针，它不指向任何变量。

p!=0 表示 p 不是空指针。

空指针是由对指针变量赋予 0 值而得到的。例如：

```
#define NULL 0
int *p=NULL;
```

对指针变量赋 0 值和不赋值是不同的。指针变量未赋值时，值是任意的，不能使用，否则将造成意外错误。而指针变量赋 0 值后，则可以使用，只是它不指向具体的变量而已。

【例 7-8】编写程序将一个字符串反向输出。

```
#include <stdio.h>
void main( )
{
  char str[50], *p, *s, c;
  printf("Enter string:");
  gets(str);
  p = s = str;
  while ( *p)
      p++;
    p--;
    while ( s<p )
      {
      c = *s;
       *s++ = *p;
       *p-- = c;
    }
     puts(str);
}
```

运行结果：

假设输入：abcdefg

输出为：gfedcba

【想一想】

1. 请思考程序中 while(*p) 循环语句的作用。

2. 程序 p-- 语句起到什么作用？如果删除这条语句则输出结果有什么变化？

3. while(s<p) 中的条件有什么特点？

7.3 指针与二维数组

7.3.1 指针与二维数组的关系

1. 二维数组把数据分成 3 个层次

一是整个由行和列组成的二维数组，二是二维数组中的行，三是二维数组每行中的单个元素。因此，二维数组具有首地址、行地址、元素地址等相关指针。数组名代表首地址，称为二维数组的指针。行地址是二维数组中一行的地址的首地址，因为二维数组中的一行相当于一个一维数组。元素地址是二维数组的具体分量地址。

2. 二维数组元素的地址

设有整型二维数组

```
int a[3][4] = {{0,1,2,3},{4,5,6,7},{8,9,11,12}}
```

设数组 a 的首地址为 1000，各下标变量的首地址及值如图 7－7 所示。

1000 a[0][0] 0	1002 a[0][1] 1	1004 a[0][2] 2	1006 a[0][3] 3
1008 a[1][0] 4	1010 a[1]1] 5	1012 a[1][2] 6	1014 a[1][3] 7
1016 a[2][0] 8	1018 a[2][1] 9	1020 a[2][2] 11	1022 a[2][3] 12

图 7－7　下标变量的首地址及值

C 语言允许把一个二维数组分解为多个一维数组来处理。因此数组 a 可分解为 3 个一维数组，即 a[0]，a[1]，a[2]。且分别表示每行的数组名称，每一个一维数组又含有 4 个元素。例如 a[0] 数组，含有 a[0][0]，a[0][1]，a[0][2]，a[0][3] 4 个元素。如图 7－8 所示。

a[0]	1000 →	1000 a[0][0] 0	1002 a[0][1] 1	1004 a[0][2] 2	1006 a[0][3] 3
a[1]	1008 →	1008 a[1][0] 4	1010 a[1]1] 5	1012 a[1][2] 6	1014 a[1][3] 7
a[2]	1016 →	1016 a[2][0] 8	1018 a[2][1] 7	1020 a[2][2] 11	1022 a[2][3] 12

图 7－8　分解数组

3. 二维数组的元素

相对于二维数组的行而言，每个元素的地址可以表示为 a+i，则 *(a+i) 也就表示每行的元素 a[i]，相对于每行每列元素而言，可以用偏移地址形式表示 a[i]+j，可表示为 *(a+i)+j。也称 *(a+i)+j 是二维数组 a 的 i 行 j 列元素的地址，所以，a 的 i 行 j 列元素的值就用 *(*(a+i)+j) 表示。

二维数组多种地址的表示形式如下。

(1) int　a[3][4], * p = a;

(2) a[i] + j, * (a + i) + j, &a[i][j], p[i] + j, * (p + i) + j　　第 i 行第 j 列元素的地址　地址

　　* (a[i] + j)　* (* (a + i) + j)　* (&a[i][j])　* (p[i] + j)　第 i 行第 j 列元素的值　元素值

【例 7－9】 用指针输出二维数组。

```
main( )
{   int a[3][4] = {1,2,3,4,5,6,7,8,9,10,11,12};int i,j;
```

```
    for(i=0;i<3;i++)
    {
    for(j=0;j<4;j++)
      printf("%5d",*(*(a+i)+j));
    printf("\n");
}
}
```

运行结果：

```
1    2    3    4
5    6    7    8
9    10   11   12
```

【例7-10】根据以下程序的输出结果思考问题。

```
main()
{  int a[3][4]={1,2,3,4,5,6,7,8,9,10,11,12};int i,j;
   printf("%x\n",a);
   printf("%x\n",a[0]);
   printf("%x\n",&a[0]);
   printf("%x\n",&a[0][0]);
   printf("%x\n",&a+1);
   getch();
}
```

运行结果：

```
ffb8
ffb8
ffb8
ffb8
ffd0
```

【想一想】

1. a，a[0]，&a[0]，&a[0][0] 具有相同的地址，相互之间有一定的联系却具有不同的概念，请说明为什么。

2. 以此输出地址为基础，求出 a[1]，a[2] 的地址。

3. 执行 printf("%x \n"，&a+1)；后的结果为什么是 ffd0?

7.3.2 指向二维数组的指针变量

1. 定义与赋值格式

定义指向二维数组元素的指针变量，定义格式是：

〈指针类型名〉*〈指针变量名〉;

假设 int a [3] [4]，*p；则赋值格式：

```
〈指针变量名〉= 〈二维数组名〉;  p = a;
〈指针变量名〉= 〈二维数组名〉[〈行下标〉];p = a[0];或 p = *a;
〈指针变量名〉= &〈二维数组名〉[〈行下标〉];p = &a[0];
〈指针变量名〉= &〈二维数组名〉[〈行下标〉][〈列下标〉]; p = &a[0][0];
```

2. 计算数组中的相对位置

计算 a[i][j] 在数组中的相对位置的公式是：i*m+j。

其中 m 表示二维数组的列数。相对位置是指相对于数组起始位置的相对位移量（距离）。

如 int a[3][4]，*p；p=a；则第 2 行第 3 列的元素 a[2][3] 相对于 a[0][0] 的相对位置是 2*4+3=11。如果开始时指针 p 指向 a（即 a[0][0]），为了得到 a[2][3] 的值，就可以用*(p+2*4+3) 表示。(p+11) 或 p[11] 表示 a[2][3] 的地址。所以某元素 a[i][j] 与*(a+i*m+j) 等价。

定义指向元素的指针变量后，该变量的移动是以单个元素为基本单位，按照元素从上至下、行内从左到右的顺序进行移动，或将相对位置作为偏移量进行引用。

【例 7-11】 用指针输出二维数组的各行各列元素的值。

```
main( )
{
  static  int b[4][5] = {{1,2,3,4,5},{6,7,8,9,10},{11,12,13,14,15},{16,17,18,19,20}};
   int  *p , i ,j ;
   p= *b ;
   for ( i = 0;i<4;i + + )
      { for(j = 0;j<5;j + + ,p + + )
          printf(" %4d", *p );
          printf("\n");
      }
}
```

以上程序是以不断移动指针的方式，使指针变量 p 指向从上到下，行内从左到右排列的各个元素，然后对指针变量进行指针运算，获得所指元素的值。

7.3.3 指向二维数组中某行的指针变量

定义指向二维数组中某行的指针变量，需要先定义指针变量为指向一维数组（行）的指针变量，这类指针被称为“数组指针”。

一般形式为：

```
类型说明符  (*指针变量名)[长度];
```

其中“类型说明符”为所指数组的数据类型。“*”表示其后的变量是指针类型。“长度”表示二维数组分解为多个一维数组时，一维数组的长度，也就是二维数组的列数。应注意“(*指针变量名)”两边的括号不可少，如缺少括号则表示是指针数组。

其赋值形式为：

```
假设 int a[3][4];int (*p)[4];则赋值格式:
```

〈指针变量名〉=〈二维数组名〉; p=a;
〈指针变量名〉=〈二维数组名〉[〈行下标〉];p=a[0];
〈指针变量名〉=&〈二维数组名〉[〈行下标〉];p=&a[0];

说明：

该指针变量的特点主要表现在以下两个方面。

(1) 指针的移动是以行为基本单位，对指针变量通过自增或自减算术运算进行移动时，将以行为单位进行跨越式移动。

(2) 通过指针变量对二维数组的元素进行引用发生变化，由于行指针以行作为对象，结合指针运算符，有多种表现形式，如以 a[i][j] 为例：

a[i]＝*(a＋i)得 a[i]＋j＝*(a＋i)＋j。p 指针指向 a，则 p[i]＋j 可表示为*(p＋i)＋j，其中*(a＋i)＋j 是二维数组 a 的第 i 行第 j 列元素的地址，所以，该元素的值可用*(*(a＋i)＋j)或*(*(p＋i)＋j)表示。

【例 7-12】输出二维数组任一行、任一列元素的值。

```
#include <stdio.h>
main( )
{  static  int b[4][5]={{1,2,3,4,5},{6,7,8,9,10},{11,12,13,14,15},{16,17,18,19,20}};
    int  (*p)[5] , i ,j ;
    p=b ;
    scanf("i=%d,j=%d",&i,&j);
    printf("a[%d][%d]=%d\n",i,j,*(*(p+i)+j));
}
```

运行结果：

```
i=2,j=2 (键盘输入后回车)
a[2][2]=13
```

【例 7-13】分析以下程序的输出结果。

```
main( )
{  int a[3][2]={0},(*ptr)[2],i,j;
   for(i=0;i<=2;i++)
   {  ptr=a+i;
      scanf("%d",ptr);
      ptr++;
   }
   for(i=0;i<3;i++)
    {
     for(j=0;j<2;j++)
      printf("%d",a[i][j]);
     printf("\n");
    }
}
```

若运行时输入：1 2 3〈回车〉，则输出结果是（　　）。

A. 产生错误信息　　B. 1 0　　C. 1 2　　D. 1 0

　　　　　　　　　　2 0　　　　3 0　　　　2 0

　　　　　　　　　　0 0　　　　0 0　　　　3 0

7.4 指针与字符串

C语言本身并不提供字符串变量来进行字符串操作，但可用字符型数组来存储和处理字符串。

定义1个字符型的指针，称为字符指针。它既可以处理字符串，也可以处理单个字符，处理单个字符时，与用指针处理普通变量含义一样。处理字符串时，可以先使字符指针指向字符串的第一个字符，然后通过指针的运算及其他命令，对字符串进行相应的操作。

7.4.1 字符型指针变量指向字符串

使字符型的指针指向字符串有以下两种方法。

（1）采用赋值语句。

先定义指针，再用赋值语句将地址赋给指针变量。例如：

```
char s[] = {"apple"}, *p; p = s;
```

也可以使用赋值语句将字符串常量赋给指针。例如：

```
char *p; p = "apple";
```

（2）字符型指针的初始化。可以在定义的同时赋初值。例如：

```
char s[10] = { "apple"}, *p = s;
char *p = "apple";
```

7.4.2 通过指针变量对字符串进行处理

1. 对字符串或字符数组中的单个字符进行处理

可以用*〈指针变量名〉表示，并通过〈指针变量〉运算符的移动，指向不同的字符进行处理，判断时常以是否碰到字符串结束标识作为字符串结束的条件。

【例7-14】统计字符在某一字符串中出现的次数。

```
#include <stdio.h>
main( )
{   int i,num = 0; char st[20], *ps;
    printf("input a string:\n");
    ps = st;
    gets(ps);
    for(i = 0;ps[i]! = '\0';i + + )
      if (ps[i] = = 'c')
        { num + + ;}
      else
        { continue;}
```

```
  printf("num = %d\n",num);
}
```

运行结果：

```
input a string:
abcabcabcabc
num = 4
```

2. 对字符串整串进行操作

常用指向字符串或字符数组的指针名代替字符串或字符数组，表示其存储区域的起始地址，从而进行针对串的整体操作，在格式输入输出函数中，通过格式控制符“%s”与指针变量相呼应。例如输出形式为：

printf("%s",p);或puts(p);

输入形式如：

scanf("%s",p);或gets(p);

这时，p与%s相对应，代表整个字符串，程序会自动从它指向的第一个字符开始，逐个输出每一个字符，直到遇上字符串结束标识符为止。注意，p前不能加“*”。

【例7-15】字符串的复制。

```
#include <stdio.h>
main( )
{
  char  *t = "I am a student.";
  char  str[80], *s = str;
  char  *t1 = t, *s1 = s;
  while((*t)! = '\0')
  {
    *s = *t;
    s++;
    t++;
  }
    *s = '\0';
    printf("%s\n%s\n",s1,t1);
}
```

【想一想】

1. char *t1=t, *s1=s；这两条语句的作用是什么？
2. *s=‘\0’；语句起什么作用？
3. 能否把while语句进行简化？

【例7-16】输出字符串中n个字符后的所有字符。

```
#include <stdio.h>
void main( ){
  char *ps = "this is a book";
  int n = 10;
  ps = ps + n;
  printf("%s\n",ps);
}
```

【想一想】

1. 字符型数组与字符型指针变量的赋值方式有什么不同?
2. 字符数组与字符型指针变量存放形式有什么不同?

7.5 指针数组和二级指针

7.5.1 指针数组

一个数组，如果它的元素都是指针型，则称为指针数组。也就是说指针数组中的元素都是指针变量。且它们都是指向同一类型的数据。

1. 指针数组的定义

指针数组定义的格式为:

```
类型名 *数组名[数据长度];
```

例如:

```
int *p[10];
```

由于 [] 比 * 的优先级高，因此 p 先与 [] 结合，形成 p[10] 形式，这显然是数组形式，它有 4 个元素，其元素的类型是整型指针。

指向一维数组的指针变量只能通过移动指针来指向二维数组的某一行，而指针数组可以使用若干个指针变量分别指向二维数组的每行，避免了指针的移动。

说明: 在书写时，要注意 int (*p)[10] 和 int *p[10] 的区别。

int (*p)[10]; 中的 p 是指针变量，指向一个包含 10 个元素的一维整型数组。

int *p[10]; 中的 p 是包含 10 个元素的数组，每个元素是指向整型变量的指针。

2. 指针数组的赋值与使用

常规情况下，指针数组常常用于处理两类数据。

(1) 用指针数组元素分别指向二维数组的每一行，通过指针数组元素控制二维数组每一行元素的操作。给指针元素赋值的格式是:

```
<指针数组名>[下标] = <二维数组名>[行下标];
```

【例 7-17】 通过指针数组对二维数组的元素进行输出操作。

```
#include <stdio.h>
void main( )
```

```
{
   int a[3][3] = {1,2,3,4,5,6,7,8,9}, *pa[3];
   int *p = a[0];
   int i;
   for (i = 0;i<= 2;i++)
      pa[i] = a[i];
   for (i = 0;i<3;i++)
      printf("%d, %d, %d\n",a[i][2-i], *a[i], *(*(a+i)+i));
   for (i = 0;i<3;i++)
      printf("%d, %d, %d\n", *pa[i],p[i], *(p+i));
}
```

运行结果：

```
3,1,1
5,4,5
7,7,9
1,1,1
4,2,2
7,3,3
```

说明：pa是一个指针数组，3个元素分别指向二维数组a的各行的首地址。然后用循环语句输出指定的数组元素。其中*a[i]表示i行0列元素值；*(*(a+i)+i)表示i行i列元素值；*pa[i]表示i行0列元素值；由于p与a[0]相同，故p[i]表示0行i列的值；*(p+i)表示0行i列的值。

【想一想】

1. 程序中*p与*pa有什么区别？

2. 如果第二个for语句改为for(i=0；i<3；i++，p++)则输出结果是什么？思考原因。

(2) 对多个字符串的处理。由于字符串本身相当于入口地址，可让每个指针数组元素指向相应的字符串，或指向存放字符串的字符数组，每个指针数组元素就可以代表一个字符串进行整串的操作，这时只需引用指针数组元素表示即可。对指针数组元素赋值的格式是：

〈指针数组名〉[〈下标〉] = 〈字符串常量或字符数组名〉;

【例7-18】通过指针数组对若干个字符串进行控制和输出。

```
#include <string.h>
void main( )
{
   char *p[] = {"teacher","book","pascal","hello","and","computer design"};
   int i;
   for (i = 0;i<6;i++)
```

```
        printf(" % s\n",p[i]);
    }
```

运行结果：

```
teacher
book
pascal
hello
and
computer design
```

【想一想】

1. 对于程序中的输出语句 printf("%s\n", p[i]);，是否可以用 printf("%s\n", *(p+i));来表示输出每个字符串？

2. 领会借助指针数组元素与字符串的对应关系。程序中用指针变量 q 记录最长字符串的地址。

【例 7-19】 有若干长度不等的字符串，请按字母顺序输出（由小到大）。

```
#include <string.h>
void main( )
{
  char *p[ ] = {"teacher","book","pascal","hello","and","me"};
  int n = 6, i, j, k;
  char *temp;
  for(i = 0;i<n-1;i++)
 {
     k = i;
     for (j = i+1;j<n;j++)
         if(strcmp(p[k],p[j])>0)
          k = j;
     if(k! = j)
     {
          temp = p[k];
          p[k] = p[i];
          p[i] = temp;
     }
  }
  for (i = 0;i<n;i++)
      printf(" % s\n",p[i]);
}
```

【想一想】

1. 外层循环如何按指针数组元素的顺序调整每个元素的指向？
2. 内层循环如何完成元素互换的过程？
3. if(k！＝j) 的含义是什么？
4. if(strcmp(p[k]，p[j])＞0) 可否改为 if(＊p[k]＞＊p[j])？

7.5.2　二级指针

二级指针是指向指针的指针，首先是一个指针类型变量，该变量所指的对象又是一个指针变量，因此，被称为指向指针的指针。

前面讲述的指针变量存放的是变量的地址，可以理解为"一级指针"，指向指针的指针存放的是指针变量的地址，可以理解为"二级指针"，甚至"多级指针"。

二级指针变量的定义格式是：

```
〈类型标识符〉**〈二级指针变量〉;
```

二级指针变量的赋值格式是：

```
〈二级指针变量〉 = &〈一级指针变量〉;
int a = 10 , *p1 , **p2;
p1 = &a;p2 = &p1;
```

设置指向指针的指针变量的最终目的是要对一级指针变量指向的数据变量（比如变量 a）进行操作，因此要用二级指针引用数据变量，形式是：

```
**〈二级指针变量名〉
```

通过指针访问变量的方式为间接访问。由于指针变量直接指向变量，所以称为"单级间址"。而如果通过指向指针的指针变量来访问变量则构成"二级间址"。一级指针变量和二级指针变量、变量 a 之间的指向关系如图 7－9 所示。

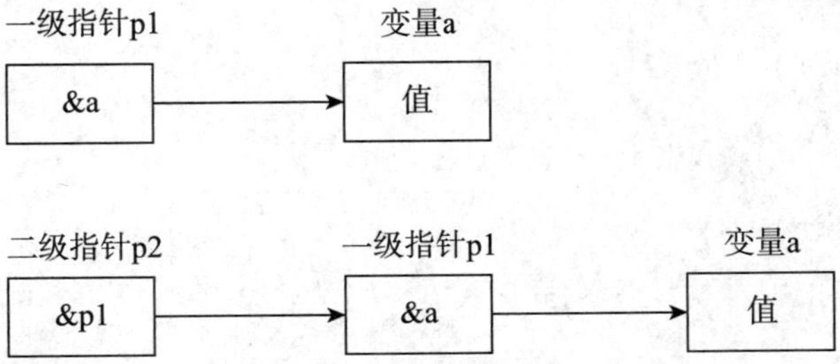

图 7－9　指针间的指向关系

【例 7－20】使用指向指针的指针。

```
#include <stdio.h>
void main( )
{
  char *name[ ] = {"Follow me","BASIC","Great Wall","FORTRAN","Computer desighn"};
```

```
    char * * p;
    int i;
    for (i = 0;i<5;i + + )
        {
        p = name + i;
        printf(" % s\n", * p);
        }
}
```

运行结果：

```
Follow me
BASIC
Great Wall
FORTRAN
Computer desighn
```

【想一想】

1. 若 p＝name，则 8p，＊＊p 分别表示什么意思？
2. 能否这样定义：char ＊p；p＝nmae;？为什么？

【例 7 - 21】利用二级指针对 n 个字符串排序并输出。

```
#include <stdio.h>
#define N 4
void main( )
{
  char  s[N][10] = {"BASIC","FORTRAN","Pascal","C"};
  char  * p[N], * * pp, * temp;
  int   i,j,k;
  for(i = 0;i <N;i + + )
    p[i] = s[i];
  pp = p;
  for(i = 0;i <N;i + + )
  {
    k = i;
    for(j = i + 1;j <N;j + + )
      if(strcmp(pp[k],pp[j])>0)  k = j;
    if(k! = i)
    {
      temp = pp[k];
      pp[k] = pp[i];
      pp[i] = temp;
    }
```

```
    }
    for(i=0;i<N;i++)
      printf("%s\n",pp[i]);
}
```

【想一想】

1. 语句 p[i]=s[i]；和 pp=p；分别表示什么意思?
2. 试比较用指针数组与二级指针处理字符串有什么异同。

第 8 章　函　　数

学习目标

1. 掌握函数的概念、分类及使用方法。
2. 掌握函数声明与定义的区别。
3. 掌握函数参数的意义、传递的方式及函数返回值的意义方法。
4. 理解全局变量与局部变量的概念及使用方法。

8.1　函数的概念与分类

C 程序是由函数构成的，函数是 C 程序的基本单位。每个 C 程序至少包含一个 main 函数，也可以根据需要自己定义，或直接调用系统提供的库函数。本章主要讲解如何定义函数、函数之间的调用方式以及调用过程中的相关问题。

8.1.1　函数的概念

1. 函数

通过前几章的学习，我们知道程序具有比较复杂的逻辑，可实现多种功能，这些功能包含若干子功能，子功能又可能分解出更小的子功能。此外，有些程序要多次实现某一功能，就需要重复编写实现此功能的程序代码，这使程序冗长，不精练。

“函数”是从英文 function 翻译过来的。从本质意义上来说，函数就是用来实现一定的功能的。函数的名字应反映其代表的功能。

【例 8-1】下面是一个函数调用的例子。

```
sub( )//定义函数
{  printf("#########\n"); }
void main( )
{  printf("hello");
   sub( );//调用函数
   printf("world");
   sub( );//调用函数
}
```

运行结果：

```
hello##########
world##########
```

sub函数是用户自定义函数，用于输出一排“#”号。sub函数执行完之后返回主函数main。

从例子来看，程序功能很简单，可以不使用函数。但是，对于大的复杂的程序，函数是必不可少的。为了方便多个程序员协作完成开发，使复杂的问题简单化，需要将大程序的代码分解和拆分成大量函数。这也是模块化程序设计的重要思想。

2. 主调函数和被调函数

函数只有被调用才能运行，通常把调用其他函数的函数称为“主调函数”，而被其他函数调用的函数称为“被调函数”。在C语言中，除main函数外，其他所有函数之间可相互调用，既可以作主调函数，也可以作被调函数。但main函数只能调用其他函数（即只能作主调函数），不能被其他函数调用（不能作被调函数）。因为，C程序总是从main函数开始到main函数结束，因此，C程序有且只能有一个main函数。

8.1.2　函数的分类

1. 从用户使用的角度

（1）库函数：它是由系统提供的，用户不必自己定义，只需在程序前包含该函数原型的头文件即可在程序中直接调用。例如printf、scanf、getchar、putchar等函数均是库函数。

（2）用户自定义函数：用户按需要写的函数。对于用户自定义函数，不仅要在程序中定义函数本身，而且在主调函数模块中还必须对该被调函数进行类型说明，然后才能使用。

在C语言中，所有的函数定义，包括主函数main在内，都是平行的，也就是说，在一个函数的函数体内，不能再定义另一个函数，即不能嵌套定义。但是函数之间允许相互调用，也允许嵌套调用。

2. 从参数的角度

（1）有返回值函数：此类函数被调用执行完后将向调用者返回一个执行结果，称为函数返回值。如数学函数即属于此类函数。由用户定义的这种要返回函数值的函数，必须在函数定义和函数说明中明确返回值的类型。

（2）无返回值函数：此类函数用于完成某项特定的处理任务，执行完成后不向调用者返回函数值。这类函数类似于其他语言的过程。由于函数无须返回值，用户在定义此类函数时可指定它的返回为“空类型”，空类型的说明符为“void”。

3. 从主调函数和被调函数之间数据传送的角度看

（1）无参函数：函数定义、函数说明及函数调用中均不带参数。主调函数和被调函数之间不进行参数传送。此类函数通常用来完成一组指定的功能，可以返回或不返回函数值。

（2）有参函数：也称为带参函数。在函数定义及函数说明时都有参数，称为形式参数（简称为形参）。在函数调用时也必须给出参数，称为实际参数（简称为实参）。进行函数调用时，主调函数将把实参的值传送给形参，供被调函数使用。

应该指出的是，在C语言中，所有的函数定义，包括主函数 main 在内，都是平行的。也就是说，在一个函数的函数体内，不能再定义另一个函数，即不能嵌套定义。但是函数之间允许相互调用，也允许嵌套调用。函数还可以自己调用自己，称为递归调用。

8.2 函数的定义与声明

8.2.1 函数的定义

函数定义就是确定该函数应完成什么功能以及怎么运行，并按规则编写的程序块。其一般格式为：

```
类型标识符 函数名(形式参数表列)
{
声明语句部分;
可执行语句部分;
}
```

从格式上来看，函数定义由两大部分组成：函数头（首部）和函数体。

1. 函数头（首部）

（1）函数类型：函数返回值的数据类型，如果省略默认为 int 型，如果没有返回值，定义为 void 类型。

（2）函数名：给函数取的名字，需符合标识符的命名规则。

（3）形式参数表列：要求每个参数之间用逗号隔开，每个参数必须指定数据类型。

无参函数没有形式参数，但“( )”不能省略。

2. 函数体

“{}”中的内容称为函数体，实现函数的功能和逻辑。

例如：定义一个函数，用于求两个数中的大数，可写为：

```
int max(int a, int b)
{  if(a>b) return a;
   else return b;
}
```

第一行说明 max 函数是一个整型函数，形参 a、b 均为整型量，由主调函数在调用时传送过来。在“{}”中实现了在两数中找最大数的功能。

【例 8-2】 求两个数中的最大值。

分析：

（1）从键盘输入两个数给 a 和 b。

（2）求 a 和 b 中的最大值。

（3）输出结果。

把求最大值的算法部分定义成一个独立的函数：

```
#include <stdio.h>
max(int x, int y)   //求最大值函数,用户自定义函数
{
```

```
    int  z;
    if(x>y)z=x;
    else   z=y;
    return(z);
}
void main( )
{
    int a,b,c;
    printf("请输入两个数:");
    scanf("%d,%d",&a,&b);
    c=max(a,b);                  //调用max( )函数
    printf("较大者为:%d\n",c);
}
```

程序的运行结果如图8-1所示。

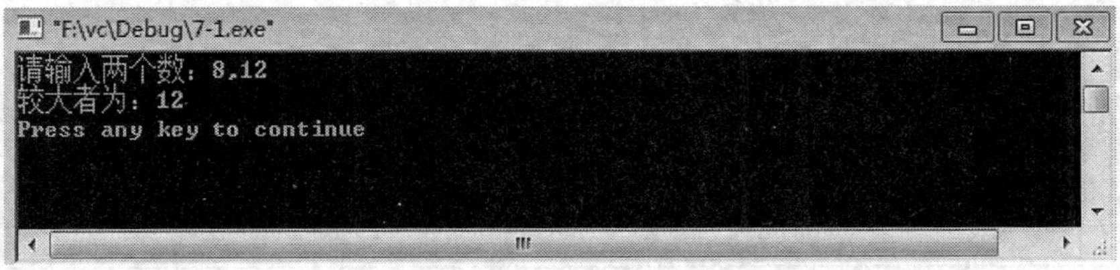

图8-1 程序的运行结果

说明：

(1) max函数是一个整型函数，其返回的函数值是一个整数。形参为x，y，均为整型量。x，y的具体值是由主调函数在调用时传送过来的。在“{}”中的函数体内，除形参外没有使用其他变量，因此只有语句而没有声明部分。在max函数体中的return语句是把x(或y)的值作为函数的值返回给主调函数。有返回值的函数中至少应有一个return语句。

(2) 主函数main，程序调用max函数，并把a，b中的值传送给max的形参x，y。max函数执行的结果（x或y）将返回给变量c。最后由主函数输出c的值。

(3) 此程序中，max函数的定义放在主函数之前，所以在程序中没有对被调函数的声明，程序的执行是从主函数开始的。在C程序中，一个函数的定义可以放在任意位置，既可放在主函数main之前，也可放在main之后。如果放在main之后，要在程序的开始或main函数体内开头对被调函数加以声明，此知识点将在后续内容进行说明。

8.2.2 函数的声明

为什么要做函数声明呢？当一个函数调用另一个用户自定义函数时，而该函数的位置在调用它的函数的后面，应该在该函数中对被调用的函数做声明。声明的作用是把函数类型、函数名、函数参数的个数和参数类型等信息通知编译系统，以便在遇到函数调用时，编译系统能正确识别函数并检查调用是否合法。函数声明的格式为：

```
函数类型  函数名(形参类型1 形参名1,形参类型2 形参名2…);
```

或者

函数类型 函数名(形参类型 1,形参类型 2,形参…);

编译系统只关心和检查参数个数和参数类型，而不检查参数名，因为在调用函数时只要求保证实参类型与形参类型一致，而不必考虑形参名是什么。总之函数声明和函数定义的函数头格式基本相同，但函数声明在末尾有一个分号。

【例 8-3】 求指定实数的平方数。

```
#include <stdio.h>
main( )
{
  float Square(float k);/*声明,也可以写 float Square(float); */
  printf("%f",Square(2.5));
}
float Square(float k)
{
  return k*k;
}
```

运行结果：

```
5.000000
```

注意：

函数的“定义”和“声明”不是一回事。函数的定义是指对函数功能的确立，包括指定函数名、函数值类型、形参及其类型以及函数体等，它是一个完整的、相对独立的函数单位。而函数声明的作用则是把函数的名字、函数类型以及形参的类型、个数和顺序通知编译系统，以便调用该函数时系统按此进行对照检查（函数名、参数个数及类型是否一致等），它不包括函数体。

C 语言还规定在以下几种情况时可以省去主调函数中对被调函数的函数说明。

(1) 如果被调函数的函数类型是整型或字符型时，可以不对被调函数做说明。这时系统将自动对被调函数返回值按整型处理。

(2) 当被调函数的函数定义出现在主调函数之前时。

(3) 如在所有函数定义之前，在函数外预先说明了各个函数的类型，则在以后的各主调函数中，可不再对被调函数做说明。

(4) 对库函数的调用不需要再做说明，但必须把该函数的头文件用 include 命令在源文件前部。

8.3 函数的参数和函数的值

8.3.1 函数的参数

函数的参数分为形式参数和实际参数两种，简称为形参和实参。形参出现在函数定义中，实参出现在主调函数中。形参和实参的功能是传送数据。发生函数调用时，主调函数把实参的值传送给被调函数的形参，从而实现主调函数向被调函数的数据传送。

形参与实参具有以下特点。

(1) 形参变量（包括在被调函数中定义的其他变量）只有在被调用时才分配内存单元，在调用结束时，即刻释放所分配的内存单元。因此，形参变量（包括其他变量）只在函数内部有效。

(2) 实参可以是变量、常量、表达式、函数等，无论是何种类型的量，在进行函数调用时，它们都必须具有确定的值，以便把这些值传送给形参。而形参只能是变量、指针、数组等能接收实参的值的量，不能是常量和表达式。

(3) 函数调用中发生的数据传送是单向的。即只能把实参的值传送给形参，而不能把形参的值反向传送给实参。

【例 8-4】 定义函数 sub，求 1+2+3…的值。

```
#include <stdio.h>
int sub(int a)
{
  int i;
  for(i=a-1;i>=1;i--)
    a=a+i;
  printf("sub: a= %d\n",a);
main( )
{
  int sub(int a);//函数声明
  int a;
  printf("input number:");
  scanf("%d",&a);
  sub(a);//函数调用
  printf("main a= %d\n",a);
}
```

运行结果：

```
input number:100↙
sub:a=5050
main:a=100
```

本例中自定义了一个函数 sub，该函数的功能是求 1+2+3+…的值。将主函数中的 a 作为实参传给形参变量 a（虽然名字一样，但是一个是主函数、一个是 sub 函数），从运行结果来看，实参 a 传给形参 a 之后，并没有因形参的改变而改变。只有当主函数调用了函数 sub 时，才会为形参变量和该函数中定义的其他变量分配存储空间。

【想一想】

假如在 main（）中加入语句 printf("%d\n",i)，会有什么结果？为什么？

（4）实参和形参在数量上、类型上、顺序上应严格保持一致。形参个数和实参个数必须相同，否则会发生编译出错。实参类型和对应的形参类型应该相同，否则程序会将实参强制转换为对应的形参类型。

【例8-5】

```
#include <stdio.h>
main( )
{
  void f(int ,int );
  float f1 = 3.14,f2 = 6.56;
  f(f1,f2);//函数调用
void f(int a,int b);
{
  int k;
  k = a + b;
  printf("a + b = %d",k);
}
```

运行结果：

```
a + b = 9
```

上例中，形参变量是 int，而实参变量是 float。从运行结果可以看出，程序在传递参数时，将实参 float 变量强制转换成 int 给形参。所以，将以形参类型为准。

8.3.2　函数的值

通常，希望通过函数调用使主调函数能得到一个确定的值，这就是函数值（函数值只能通过 return 语句带回）。return 语句的一般形式：

```
return 表达式;
```

或

```
return (表达式);
```

功能：计算表达式得到一个确定的值并由 return 语句带回到主调函数中。

说明：

（1）一个函数中可以有一个或多个 return 语句，执行到哪一个 return 语句，则返回哪一个 return 语句的值，或者说即使有多个 return 也只有第一个起作用，因此只能返回一个函数值。

（2）函数值的类型：函数值的类型应与定义函数的类型一致，当不一致时，以定义函数的类型为准，自动进行类型转换。如果是空类型，则不能有 return 返回值语句。

【例8-6】已知 a，b 值，求形参 x，y，max 的值。

```
#include <stdio.h>
main( )
{
```

```
  int max(float x,float y);
  float a=1.5,b=3.7;int c;
  c=max(a,b);
  printf("max is %d",c);
}
int max(float x,float y)
{
  float z;
  printf("x=%.2f  y=%.2f\n" x,y);
  z=x>y?x:y;
  return z;
}
```

运行结果：

```
x=1.50  y=3.70
max is 3
```

max 函数的形参是 float 型，main 函数的实参也是 float 型，将 a、b 的值 1.5、3.7 传给了形参 x、y，执行表达式“z=x>y? x：y”，使得 z 得到的值为 3.7。但由于定义函数类型是 int 型，返回值的类型以定义函数类型为准，所以将 z 强制转换为 int 型带回给主调函数 main。

8.4 函数的调用

8.4.1 函数调用的一般形式

在前面的案例中，多次进行了函数调用。定义函数的目的是为了调用该函数，经过某种处理从而得到结果。函数调用的一般形式：

```
函数名(实参表)
```

如果调用无参函数，则“实参表”为空，但括号不能省略。如果实参表有多个参数，则各参数间用逗号隔开。

函数参数的运算顺序通常按从右至左的方向进行。例如：

```
printf("%d %d",i++,i++);/*假设 i=1;则输出值为 2,1;而不是 1,2*/
```

再如，

```
int n=1;fun(n,n++);/*则传递下去的形参值是 2 和 1,也不是 1 和 2*/
```

在一个函数中调用另一个函数时，程序控制就从调用函数（主调函数）转移到被调用函数，并且从被调用函数的函数体起始位置开始执行该函数中的语句。在执行完函数体中的所有语句，或遇到 return 语句时，程序控制就返回主调函数中继续执行。

【例 8-7】调用函数实例。

```
main( )
{  int  x=10;
```

```
    func1(x);
  printf(" %d",x);
}
func1( int  x)
{  x=20;
   func2(x);
   printf(" %d",x);
}
func2(int x)
{  x=30;
   printf(" %d",x);
}
```

运行结果:

30 20 10,而不是 10 20 30.

说明: 本题在调用一个函数的过程中，又再调用另一个函数。当调用结束后再返回调用处，继续执行后续语句，可见函数相互调用的过程是层层往下调用，结束后再层层向上返回，C 语言的函数调用是逐级调用、逐级返回。

8.4.2 函数的调用方式

按函数调用在程序中出现的形式和位置来分，可以有以下 3 种函数调用方式。

(1) 函数调用语句：把函数调用单独作为一个语句。例如：

```
printf(" %d",a);
```

(2) 函数表达式：函数调用出现在另一个表达式中，如：“ c=max(a,b); ”，以函数返回值参与表达式的运算。这时要求函数带回一个确定的值以参加表达式的运算（此时函数不可定义为 void 类型）。

(3) 函数参数：函数作为另一个函数调用时的实参。如：printf(“%d”,max (a,b));即是把该函数的返回值作为实参进行传送，因此要该函数必须是有返回值的。

【例 8-8】 以不同形式进行函数调用。

方式 1　采用函数语句形式调用函数。

```
void max(int a,int b,int c)
  {
  int y;
  y=(a>b)?a:b;
  y=y>c?y:c;
  printf("max=%d\n",y);
}
 void main( )
{
  int x,y,z,m;
  scanf(" %d, %d, %d",&x,&y,&z);
```

```
  max(x,y,z);
} /*采用函数语句形式调用函数 max*/
```

方式2 函数表达式调用和函数参数调用。

```
int max(int a,int b)
{
  int y;
  y=(a>b)?a:b;
  return y;
}
void main( )
{
  int x,y,z,m;
  scanf("%d,%d,%d",&x,&y,&z);
  m=max(x,y);
  m=max(m,z);
  printf("max=%d\n",m);/*表达式调用形式 */
  m=max(x,y);
  printf("max=%d\n",max(m,z));
} /*函数参数调用形式*/
```

8.5 函数的参数传递方式

C语言是由一个或多个独立函数组成的，函数之间又存在数据联系，这种数据联系称为数据传递。

程序间参数的传递是通过参数这个纽带进行的，函数有形参和实参两种，根据其传递的方式不同分为：传数值过程和传地址过程。

8.5.1 传数值过程

传数值过程是指把实参的值传递给形参作为其初始值开始运算。

这种方式的特点是实参变量和形参变量是两个不同的变量，即使名称相同，也会被分配不同的存储单元，相互之间的联系只是形参变量的初值来自实参变量，以后的操作则各不相干。如果形参变量的值在被调函数中修改，不会影响实参变量的值。一旦被调函数的执行结束，返回主调函数，形参则释放对应的存储单元，而实参仍然存在并参与主调函数以后的操作，具体可通过下面程序的执行来理解。

【例8-9】采用传数值方式调用函数交换数据。

```
#include <stdio.h>
void main( )
{
  void swap(int ,int);      /*参数为整型变量的函数声明语句*/
  int i=3,j=4;
  printf("i=%d,j=%d\n",i,j);
```

```
  swap(i,j);              /* 变量名作为实际参数进行传递 */
  printf("i = %d,j = %d\n",i,j);
}
void swap(int a,int b)     /* 形参为整型变量的函数的定义 */
{
  int temp;
  temp = a;
  a = b;
  b = temp;
}
```

运行结果：

```
i = 3,j = 4
i = 3,j = 4
```

从运行结果可以发现，执行函数 swap 后，形参 i 和 j 的改变不会影响实参 i 和 j 的值。

注意：

实参向形参的数据传递是"值传递"，单向传递只能由实参传给形参，而不能由形参传给实参。实参和形参在内存中占有不同的存储单元，实参无法得到形参的值。

8.5.2 传地址过程

在函数调用中，当主调函数与被调函数共享一个变量或一批变量时，即两个函数对同一存储单元进行赋值或引用操作，这种类型的参数传递被称为传地址过程。所以实参往往含有取地址运算符"&"的变量地址、数组名或指针变量，形参用指针变量或数组来接收，通过地址的传递，实参与形参指向同一个存储单元或存储区域，这样，形参所指变量值的改变反过来会导致实参所指变量值的变化。

【例 8-10】采用传地址方式调用函数交换数据。

```
#include <stdio.h>
void main()
{
  void swap(int *,int *);      /* 参数为指针的函数声明语句 */
  int i = 3,j = 4;
  printf("i = %d,j = %d\n",i,j);
  swap(&i,&j);                 /* 变量地址作为实际参数进行传递 */
  printf("i = %d,j = %d\n",i,j);
}
void swap(int *p1,int *p2)   /* 形参为整型指针变量 */
{
  int temp;
  temp = *p1;
```

```
  *p1 = *p2;
  *p2 = temp;
}
```

运行结果：

```
i=3,j=4
i=4,j=3
```

调用函数时把变量 i 和 j 的地址传送给形参 p1 和 p2，因此 *p1 和 i 为同一内存单元，*p2 和 j 是同一内存单元。

这种方式还是“值传递”，只不过实参的值是变量的地址而已。而在函数中改变的不是实参的值（即地址，地址是不变的），而是实参地址所指向的变量的值。

使用传地址方式表明不论在主调函数中还是被调函数中都使用了同一个存储空间，在被调函数中通过指针的间接运算改变了该存储空间中存储的值，就等于改变了主调函数中变量的值，从而实现了用参数返回计算结果。

【想一想】

1. 传值过程和传地址过程中，主调函数和被调函数中参数的变化特点是什么？
2. 如何用图形显示参数的传递过程？

8.6　数组作为函数参数

数组可以作为函数的参数使用，以进行数据传送。数组用作函数参数的方式有两种，一种是数组元素作为实参使用；另一种是把数组名作为函数的参数使用。

8.6.1　常量、变量、数组元素作函数参数

在函数调用时，使用常量、变量、数组元素作为参数传送时，将实参的值复制到形参相应的存储单元中，即形参和实参分别占用不同的存储单元，这种方式称为传数值。

【例 8-11】 判别一个整数数组中各元素的值，若大于 0 则输出该值，若小于等于 0 则输出 0 值。

```
#include <stdio.h>
void nzp(int v)
{
  if(v>0)
    printf("%d ",v);
  else
    printf("%d ",0);
}
void main( )
{
  int a[5],i;
```

```
  printf("input 5 numbers\n");
  for(i = 0;i<5;i + + )
    {
    scanf(" % d",&a[i]);
    nzp(a[i]);}
}
input 5 numbers:5   - 4   - 9  6   - 1
```

运行结果：

```
5  0  0  6  0
```

说明：本程序中首先定义了一个无返回值函数 nzp，并说明其形参 v 为整型变量。在函数体中根据 v 值输出相应的结果。在 main 函数中用一个 for 语句输入数组各元素，每输入一个就以该元素作实参调用一次 nzp 函数，即把 a[i] 的值传送给形参 v，供 nzp 函数使用。

注意：

如果数组元素就是下标变量，那么它与普通变量并无区别。因此它作为函数实参使用时与普通变量是完全相同的，在发生函数调用时，把作为实参的数组元素的值传送给形参，实现单向的值传送。

循环输入 5 个数据时，需要添加默认分隔符，最好使用空格分隔，以便于整体输入和输出查看。

8.6.2　数组名作为函数参数

用数组元素作实参时，向形参变量传递的是数组元素的值，而用数组名作函数实参时，向形参（数组名或指针变量）传递的是数组首元素的地址。

用数组名作函数参数与用数组元素作实参有以下几点不同。

（1）用数组元素作实参时，只要数组类型和函数的形参变量的类型一致，那么作为下标变量的数组元素的类型也和函数形参变量的类型是一致的。因此，并不要求函数的形参也是下标变量。换句话说，对数组元素的处理是按普通变量对待的。用数组名作函数参数时，要求形参和相对应的实参都必须是类型相同的数组，都必须有明确的数组说明。当形参和实参二者不一致时，即会发生错误。

（2）普通变量或下标变量作函数参数时，形参变量和实参变量是由编译系统分配的两个不同的内存单元。在函数调用时发生的值传送是把实参变量的值赋予形参变量。在用数组名作函数参数时，不是进行值的传送，即不是把实参数组的每一个元素的值都赋予形参数组的各个元素。因为实际上形参数组并不存在，编译系统不为形参数组分配内存。那么，数据的传送是如何实现的呢？在前面我们曾介绍过，数组名就是数组的首地址。因此在数组名作函数参数时所进行的传送只是地址的传送，也就是说把实参数组的首地址赋予形参数组名。形参数组名取得该首地址之后，也就等于有了实在的数组。实际上是形参数组和实参数组为同一数组，共同拥有一段内存空间，如图 8－2 所示。

	a[0]	a[1]	a[2]	a[3]	a[4]	a[5]	a[6]	a[7]	a[8]	a[9]
起始地址2000	10	12	14	16	17	19	22	24	27	29
	b[0]	b[1]	b[2]	b[3]	a[4]	b[5]	b[6]	b[7]	b[8]	b[9]

图 8-2　实参与形参共用存储单元

图中设 a 为实参数组，类型为整型。a 占有以 2000 为首地址的一块内存区。b 为形参数组名。当发生函数调用时，进行地址传送，把实参数组 a 的首地址传送给形参数组名 b，于是 b 也取得该地址 2000。于是 a，b 两数组共同占有以 2000 为首地址的一段连续内存单元。从图中还可以看出 a 和 b 下标相同的元素实际上也占相同的两个内存单元（整型数组每个元素占 2 字节）。例如 a［0］和 b［0］都占用 2000 和 2001 单元，当然 a［0］等于 b［0］。类推则有 a［i］等于 b［i］。

（3）前面已经讨论过，在变量作函数参数时，所进行的值传送是单向的。即只能从实参传向形参，不能从形参传回实参。形参的初值和实参相同，而形参的值发生改变后，实参并不变化，两者的终值是不同的。而当用数组名作函数参数时，情况则不同。由于实际上形参和实参为同一数组，因此当形参数组发生变化时，实参数组也随之变化。当然这种情况不能理解为发生了“双向”的值传递。但从实际情况来看，调用函数之后实参数组的值将由于形参数组值的变化而变化。

【例 8-12】有一个一维数组 score，内放 5 个学生成绩，求平均成绩。

```
#include <stdio.h>
float averge(float array[5])
{
  int i;  float aver, sum=0;
  for(i=0;i<5;i++)
  sum+=array[i]);
  aver=sum/5;
  return aver;
}
main( )
{
  float score[5],aver;  int i;
  printf("input 5 scores:\n");
  for(i=0;i<5;i++)
    scanf("%f",&score[i]);
  aver=average(score);
  printf("average score is %5.2f",aver);
}
```

运行结果：

```
input 5 scores:
87 68 90 98 89↙
average score is 86.40
```

注意：

（1）有数组名作为函数参数时，应该在主调函数和被调函数分别定义数组，例中的array是数组名，score是数组名，其目的是确保实参与形参数据类型，避免结果出错。

（2）实参和形参要分别定义在不同的函数体中。

（3）形参数组可以不指定大小，但数组名后面的方括号不能省略，相当于字符数组的初始化赋值形式，

```
char s[] = "welcome to  you";
```

【想一想】

1. 传地址过程中形参值的变化导致实参值也改变，那么这种改变能不能理解为参数具有“双向传送”的形式？

2. float averge（float array[5]）是否可以改为float averge(float * array)？如果认为能，请说明理由。

8.6.3 多维数组名作函数参数

多维数组名作为函数的实参和形参，在被调函数中对形参数组定义时可以指定每一维的大小，也可以省略第一维的大小，但是第二维大小是不可省略的。

【例 8-13】 求二维数组各行元素之和。

```
void get_sum_row(int x[][3], int result[] ,int row, int col)
{   int i,j;
    for(i = 0;i<row;i + + )
    {
      result[i] = 0;
      for(j = 0;j<col;j + + )
    result[i] + = x[i][j];
    }
}
main( )
{   int a[2][3] = {3,6,9,1,4,7};
    int sum_row[2],row = 2,col = 3,i;
    get_sum_row(a,sum_row,row,col);/ * 数组名 a 作函数参数 * /
    for(i = 0;i<row;i + + )
      printf("The sum of row[ % d] = % d\n",i + 1,sum_row[i]);
}
```

注意：

由于在内存中，二维数组是按行存放的，并不是真正区分行与列，因此，在形参中必须指明列数，才能保证实参与形参数组中的数据一一对应。因此，第二维长度是不能省略的。

8.7 函数的嵌套与递归调用

8.7.1 函数的嵌套调用

C语言的函数定义是互相平行独立的，不允许在一个函数内再定义另一个函数，即不能嵌套定义。但C语言允许在调用一个函数的过程中，又调用另一个函数，甚至进行多层的调用嵌套，称为函数的嵌套调用，如图 8-3 所示。

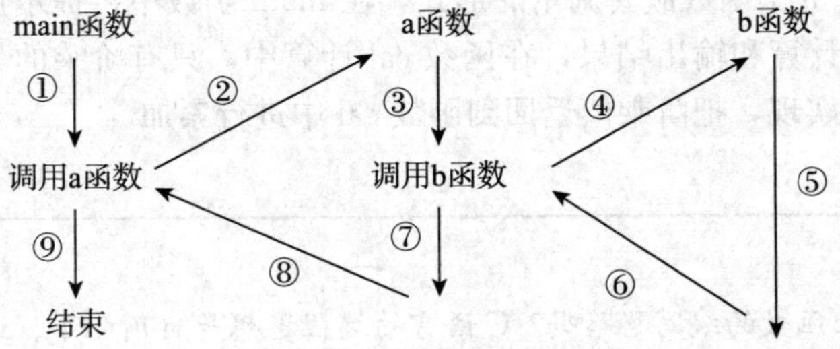

图 8-3 函数的嵌套调用

一个程序从 main 函数开始执行，main 函数调用函数 a，函数 a 调用函数 b；当函数 b 执行完之后返回到函数 a 中调用函数 b 处继续执行后续部分；当函数 a 执行完之后返回到函数 main 中调用函数 a 处继续执行后续部分；直到 main 结束。函数的嵌套调用就是层层往下调用，再层层往上返回。

【例 8-14】 输入一个整数 n，求 1! +2! +3! +…+n! 的值。

```
void cal(int m)
{
  int i;
  long s = 0;
  for(i = 1;i< = m;i + + )
    s = s + fac(i);
  printf("1! + 2! + … %d! = %ld\n",m,s);
}
int fact(k)
{
  int j,t;
  t = 1;
  for(j = 1;j< = k;j + + )
    t = t * j;
  return(t);
}
main( )
{
  int n;
  printf("n = ");
```

```
    scanf("%d",&n);
    cal(n);
}
```

运行结果：

```
n=5↙
1!+2!+…5!=153
```

此程序中采用了3个函数嵌套调用的形式，在main函数中，提示用户输入n的值，通过调用cal函数进行计算和输出结果，在函数cal计算中，只有阶乘的累加，阶乘的计算又是通过调用函数fac实现，把阶乘值返回到函数cal中进行累加。

【想一想】

1. 你能总结出函数的编写思路吗？C语言的编程思想是自顶向下、逐步求精的模块化、结构化的程序设计思想。在编写函数的过程中：(1) 审题，确定组成函数的功能；(2) 根据模块形式确定算法，理顺层次结构，编写各模块化函数；(3) 最后编写主函数。

2. 根据上述程序的层次结构，请说明函数头部特点，同时画出程序的函数结构图。

8.7.2 函数的递归调用

函数的递归调用是指在调用一个函数的过程中又出现直接或间接调用该函数本身的情况。在递归调用中，主调函数又是被调函数。执行递归函数将反复调用其自身，每调用一次就进入新的一层，如图8-4所示。

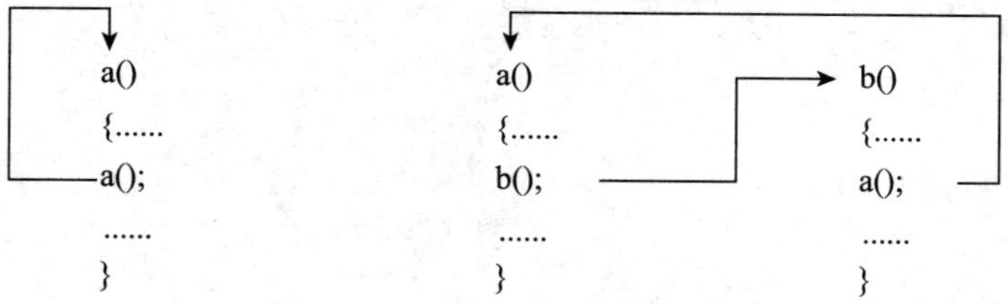

图8-4 函数的递归调用

递归调用一旦出现，往往多次发生，即发生多层的递归调用。

【例8-15】 求n的阶乘，n是一个大于1的正整数，其值由用户输入。

用递归算法计算n!可用下述公式表示：

$$n! = \begin{cases} 1 & (n=0,1) \\ n*(n-1)! & (n>1) \end{cases}$$

```
long fac(int n)
{   long f;
    if(n<0)printf("n<0,input errot");
    else if(n==1||n==0)
      f=1;
```

```
    else
      f = n * fac(n - 1);
    return f;
  }
main( )
{  int n;
   printf("please enter n:");
   scanf(" % d",&n);
   printf(" % d! = % ld",n,fac(n));
}
```

运行结果：

```
please enter n:4↙
4! = 24
```

说明：

(1) 程序开始运行后，在 main 函数中输入 n 的值（假设输入 4）；在 printf 函数中调用函数 fac(n)，传递参数值是 4。

(2) 进入函数 fac(4)，4! =1，因此准备执行 f=4 * fac(3)，在计算 f 之前，先调用 fac(3)。

(3) 进入函数 fac(3)，3! =1，因此准备执行 f=3 * fac(2)，在计算 f 之前，先调用 fac(2)。

(4) 进入函数 fac(2)，2! =1，因此准备执行 f=2 * fac(1)，在计算 f 之前，先调用 fac(1)。

(5) 进入函数 fac(1)，1==1，因此 f=1，并返回 1。

(6) 回到 fac(2)，计算 f=2 * 1，fac(2) 调用结束并返回 2。

(7) 回到 fac(3)，计算 f=3 * 2，fac(3) 调用结束并返回 6。

(8) 回到 fac(4)，计算 f=4 * 6，fac(6) 调用结束并返回 24。

(9) 回到 main 函数，输出结果 4! =24，程序结束，如图 8-5 所示。

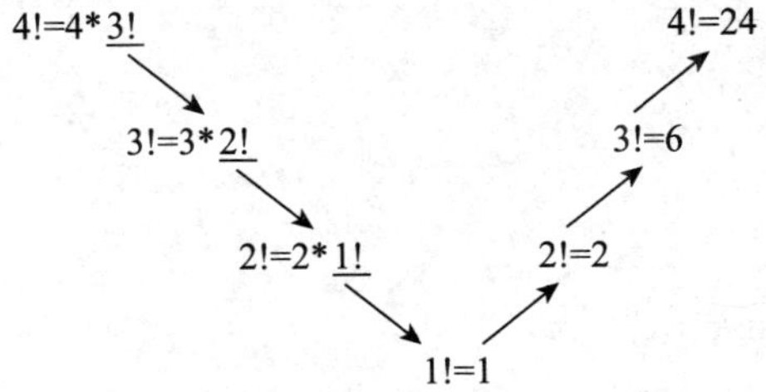

图 8-5　递归调用关系图

从上述递归函数的执行过程中可以看到：不管递归调用要发生多少次，最终应该有一个“终点”，即当调用到某一层次时，由于满足某个条件而停止继续递归下去，从而产生一个转折点，开始逐级返回的过程。因此递归过程中一定要包含相关判断语句，作为递归终止条件。

8.8 变量的作用域与存储类型

8.8.1 变量的作用域

在讨论函数的形参变量时提到，形参变量只在被调用期间才分配内存单元，调用结束立即释放。这可以说明形参变量只有在函数内才是有效的，离开该函数就不能再使用了。这种变量有效性的范围称为变量的作用域。

变量的作用域与变量的定义位置密切相关，根据变量作用域的不同，变量被分为局部变量和全局变量两大类。

1. 局部变量

局部变量是指在函数内部定义的变量，局部变量只能在定义它的函数内使用，离开该函数后再使用这种变量是非法的。因此，也称内部变量。

【例 8-16】 分析下列程序中变量的作用域。

```
int fb(int a)
{  a=a*2;
   printf("fb:a=%d\n",a);
   return a;
}
int fa( )
{  int a,b;
   a=10;
   b=fb( );
   printf("f1:a=%d,b=%d\n",a,b);
}
main( )
{
  int a,c;
  a=2;
  c=8;
  fa( );
  printf("main :a=%d,c=%d\n",a,c);
}
```

运行结果：

```
fb:a=20
f1:a=10,b=20
main:a=2,c=8
```

通过程序的执行结果可以看出各变量作用域的不同，特别是 3 个函数中都出现的同名变量 a，虽然名称相同，但各自对应不同的区域，且在各自的函数中被引用，与其他函数中的同名变量没有关系。可见，不同函数中可以定义相同的变量，它们代表不同的存储单元，是不同的变量。主函数中定义的变量也只能在主函数中起作用，不能在其他函数中使用，同时，其他函数也不能用主函数中定义的变量，因为主函数也是一个函数，它与其他函数是平行关系，这一点是与其他语言不同的，应予以注意。

形参变量是属于被调函数的局部变量，实参变量是属于主调函数的局部变量。

局部变量可以在复合语句中定义，其作用域就只能在该复合语句中起作用。

【例8-17】 在下列主函数中不同位置定义两个变量a和b，分析变量的作用域。

```
main( )
{  int a
   a = 3;
   {  int b;
      b = 7;
      printf("a = %d,b = %d\n",a,b);
   }
     printf("a = %d,b = %d\n",a,b);
}
```

此程序的编译出错。因为变量a的作用域是在整个main函数之内，在两个printf之间都可以输出；而变量b的作用域仅限于内部的复合语句之内，在复合语句之外，再使用变量b，就会发生编译错误，显示“b为main函数中未定义符号”的错误提示。

2. 全局变量

全局变量是指在函数之外定义的变量，其作用范围是从定义位置开始到源文件结束为止，其间的函数都可以使用，可以说全局变量是多个函数的公共变量。也称外部变量。

【例8-18】 全局变量说明。

```
int  a,bl              /*全局变量*/
void f1( )
{
  …
}
float x,y;             /*全局变量*/
int f2( )
{
  …
}
main( )
{
  …
}
```

可以看出a、b、x、y都是在函数外部定义的外部变量，都是全局变量。x、y定义在函数f1之后，在f1函数中使用全局变量x、y要加说明为extern。全局变量a、b在源程序最前面，因此在f1，f2以及main内不加说明也可以使用。

【例8-19】 输入长方体的长宽高，求体积及表面积。

```
#include <stdio.h>
int v,s;
void vs(int a,int b,int c)
{  v=a*b*c;
   s=(a*b+b*c+a*c)*2;
}
main( )
{  int l,w,h;
   printf("\ninput length,widthand height:\n");
   scanf("%d%d%d",&l,&w,&h);
   vs(l,w,h);
   printf("v=%d,s=%d\n",v,s);
}
```

运行结果：

```
input length,widthand height:
2 2 2↙
v=8,s=24
```

本案例中定义了 3 个全局变量，在函数 vs（ ）与 main（ ）中都可以使用，变量中所保留的值是最后一次改变的值。这也意味着可用全局变量来实现各函数之间的参数传递。当然，在享用它的好处时，也应慎重使用，避免全局变量过多带来的降低函数通用性的负作用，以及存储单元的浪费。

【例 8-20】 全局变量的初值。

```
#include <stdio.h>
int k;
main( )
{  int i;
   printf("i=%d,k=%d\n",i,k);
}
```

程序运行时，你会发现在不同时候 i 的值不同，而 k 的值为 0。因为在编译时，全部变量会被系统自动初始化，赋值为 0，而局部没有初始化，是一个随机值。

【例 8-21】 全局变量与局部变量同名。

```
#include <stdio.h>
int a=3,b=5;                    /*a,b为全局变量*/
max(int a,int b)              /*a,b为全局变量*/
{  int c;
   c=a>b?a:b;
   return c;
}
main( )
{  int a=8;
```

```
    printf("max = %d\n",max(a,b));
}
```

运行结果：

```
max = 8
```

本例中，在 main 函数中调用 max（ ）时，变量 a 与全局变量同名，此时，作为实参 a 的值是 8，而不是 5。

注意，如果在同一个文件中，某全局变量与某函数内的局部变量同名，则在该函数的执行过程中，局部变量发挥作用，全局变量被暂时屏蔽起来不发挥作用。即局部变量与全局变量同名时，局部优先。

在整个程序的运行过程中，全局变量都要占用固定的存储单元。一般在源程序的开始定义全局变量，如果没有这样定义，而是在中间的某两个函数之间定义，甚至在文件的末尾定义，而定义之前的函数又想引用该全局变量，则应该在该函数中进行全局变量说明。例如：

```
main( )
{  extern a,b;
   printf("a = %d,b = %d\n",a,b);
}
int a = 3,b = 9;
```

8.8.2 变量的存储类型

前面介绍了从变量的作用域（空间角度）来分，可以分为全局变量和局部变量。变量的生存期则是指变量在程序执行过程中的哪一段时期拥有分配的内存存储单元，生存期是从时间角度分析变量，可分为动态存储变量和静态存储变量。

（1）静态存储方式：在程序运行期间分配固定的存储空间的方式。

（2）动态存储方式：在程序运行期间根据需要进行动态分配存储空间的方式。

在 C 语言中，每个变量和函数有两个属性：数据类型和数据的存储类别。数据类型就是整型、实型等。存储类别指的是数据在内存中存储的方式。存储方式为两大类：静态存储类别和动态存储类别。具体包含 4 种：自动的（auto)、静态的（static)、寄存器的（register)、外部的（extern)。

1. auto 变量

函数中的局部变量，如不专门声明为 static 存储类别，都是动态地分配存储空间，数据存储在动态存储区中。自动变量用关键字 auto 作存储类别的声明。

例如：

```
int f(int a)          /*定义 f 函数,a 为形参*/
{  auto int b,c = 3   /*定义自动变量 b、c*/
   ......
}
```

a 是形参，b，c 是自动变量，对 c 赋初值 3。执行完 f 函数后，自动释放 a，b，c 所占的存储单元。

关键字 auto 可以省略，auto 不定则隐含定为“自动存储类别”，属于动态存储方式。

2. static 变量

有时希望函数中的局部变量的值在函数调用结束后不消失而保留原值，这时就应该指定局部变量为“静态局部变量”，用关键字 static 进行声明。

【例 8 - 22】 考察静态局部变量的值。

```
f(int a)
{  auto b = 0;
   static c = 3;
   b = b + 1;
   c = c + 1;
   return(a + b + c);
}
main( )
{  int a = 2, i;
   for(i = 0; i<3; i + + )
   printf(" % d", f(a));
}
```

运行结果：

```
789
```

【想一想】

本程序在 main 函数中 3 次调用 f（）函数，分析发现每次调用函数 f（）时，变量 b 和 c 的初值变化有什么不同？

说明：

(1) 静态局部变量属于静态存储类别，在静态存储区内分配存储单元。在程序整个运行期间都不释放。而自动变量（即动态局部变量）属于动态存储类别，占动态存储空间，函数调用结束后即释放。

(2) 静态局部变量在编译时赋初值，即只赋初值一次；而对自动变量赋初值是在函数调用时进行，每调用一次函数重新给一次初值，相当于执行一次赋值语句。

(3) 如果在定义局部变量时不赋初值的话，则对静态局部变量来说，编译时自动赋初值 0（对数值型变量）或空字符（对字符变量）。而对自动变量来说，如果不赋初值则它的值是一个不确定的值。

(4) 虽然静态变量在函数调用后不释放，但其他函数还是不能引用它，即静态变量的作用域只在本函数内有效。

【例 8 - 23】 打印 1 到 5 的阶乘值。

```
int fac(int n)
{ static int f = 1;
f = f * n;
```

```
return(f);
}
main( )
{
int i;
for(i=1;i<=5;i++)
  printf(" %d! = %d\n",i,fac(i));
}
```

运行结果：

```
1! =1
2! =2
3! =6
4! =24
5! =120
```

【想一想】

1. 阶乘中一般要出现累乘，而本程序中累乘的效果是怎样产生的？
2. 在 main（ ）函数中能否在最后加上语句 printf("%d",f);，为什么？

3. register 变量

当一个变量需要被频繁使用时，为了提高效率，C 语言允许将局部变量的值放在 CPU 的寄存器中，这种变量叫“寄存器变量”，用关键字 register 声明。这样，频繁被使用的变量直接从寄存器读取，大大提高程序的执行效率。

【例 8-24】 使用寄存器变量。

```
int fac(int n)
{
register int i,f=1;
  for(i=1;i<=n;i++)
    f=f*i;
  return(f);
}
main( )
{
int i;
  for(i=0;i<=5;i++)
  printf(" %d! = %d\n",i,fac(i));
}
```

说明：

（1）只有局部自动变量和形式参数可以作为寄存器变量。

（2）一个计算机系统中的寄存器数目有限，不能定义任意多个寄存器变量。

(3) 局部静态变量不能定义为寄存器变量。

4. extern 变量

外部变量(即全局变量)是在函数的外部定义的,它的作用域从变量定义处开始,到本程序文件的末尾。如果外部变量不在文件的开头定义,其有效的作用范围只限于定义处到文件终了。如果在定义点之前的函数想引用该外部变量,则应该在引用之前用关键字 extern 对该变量做“外部变量声明”。表示该变量是一个已经定义的外部变量。有了此声明,就可以从“声明”处起,合法地使用该外部变量。

【例 8-25】 用 extern 声明外部变量,扩展程序文件中的作用域。

```
int max(int x,int y)
{
int z;
  z = x>y?x:y;
  return(z);
}
main( )
{
extern A,B;/* 对全局变量声明 */
  printf("%d\n",max(A,B));
}
int A = 20,B = -8;/* 定义全局变量 A、B */
```

运行结果:

```
max = 20
```

在本程序文件的最后 1 行定义了外部变量 A,B,但由于外部变量定义的位置在函数 main 之后,因此在 main 函数中不能引用外部变量 A,B。现在我们在 main 函数中用 extern 对 A 和 B 进行“外部变量声明”,就可以从“声明”处起,合法地使用该外部变量 A 和 B。

extern 仅仅说明变量是“外部的”,以及它的类型,并不真正分配存储空间。

8.9 函数的作用范围

我们知道函数的作用范围不同,那么函数除了能被本文件中的函数调用之外,是否还能被其他文件中的函数调用?

从作用范围的角度,函数分为内部函数和外部函数两类。

8.9.1 内部函数

内部函数又被称为静态函数,它只能被所在文件中的函数调用,而不能被其他文件中的函数调用。定义内部函数可以在函数返回值类型前面使用 static 关键字。

例如:

```
static int add(int a,int b)
{     return a+b;   }
```

8.9.2 外部函数

外部函数是函数的默认类型，通常没有用static定义的函数均为外部函数，函数的本质都具有外部特性，有时为了明确外部函数的性质，常用extern关键字进行说明，但extern也可以省略不写。外部函数除了可以被本函数使用外，还可以被其他函数调用。

格式是：

```
[extern] 〈函数名〉(〈形参表〉);
```

【例8-26】输入两个整数，在外部函数中计算并输出两数之和。

文件file1.c中的程序：

```
main( )
{
  extern add(int c,int d);
 extern sub(int c,int d);
int a,b;
printf("%a=",;scanf("%d",&a);
printf("%b=",;scanf("%d",&b);
add(a,b);
sub(a,b);
}
```

文件file2.c中的程序：

```
add(int c,int d)
{printf("%d+%d=%d\n",c,d,c+d);
}
```

文件file3.c中的程序：

```
sub(int c,int d)
{printf("%d-%d=%d\n",c,d,c-d);
}
```

运行结果：

```
a=20〈CR〉
b=5〈CR〉
```

输出结果：

```
20+5=25
20-5=15
```

8.10 命令行参数

前面介绍的main函数都是不带参数的。因此main后的括号都是空括号。实际上，main函数可以带参数，这个参数可以认为是main函数的形式参数。C语言规定main函数的参数只能有两个，习惯上将这两个参数写为 argc 和 argv。因此，main 函数的函数头可写为：

```
main(int  argc, char *argv[ ])
{
  …
}
```

C 语言还规定，argc（第一个形参）必须是整型变量，argv（ 第二个形参）必须是指向字符串的指针数组。

命令行的一般调用形式是：(参数之间用空格分开）

〈可执行文件名〉〈参数 1〉 〈参数 2〉 … 〈参数 n〉

argc 是整型变量，表示命令行中参数的个数，包括可执行文件名在内，如果可执行文件名后有 n 个用空格隔开的参数，则 argc 的值等于 n+1。

argv 是指针数组，数组元素分别对应命令行中的每个字符串，argv[0] 指向可执行文件名字符串，argv[1] 指向参数 1 的字符串，argv[n] 指向参数 n 的字符串。

【例 8-27】 下面文件中的 test 的作用是分行输出命令行中的参数。

```
main(int argc, char *argv)
{
  printf("命令行的文件名后有%d个参数,分别是:",argc-1);
  while(argc>1)
  {   ++argv;
    printf("%s\n",*argv);
    --argc;
   }
}
```

假设命令行如下。

test apple pear orange 在执行"带命令行参数"后的输出结果为（命令行的文件名有 3 个参数）：

```
apple
pear
orange
```

8.11 指针与函数

8.11.1 指针变量作为函数参数传递

在主调函数和被调函数的参数传递过程中，会出现与指针变量相关的传递形式，即指针变量作为函数参数传递。

(1) 传地址方式的对应分析如图 8-6 所示。

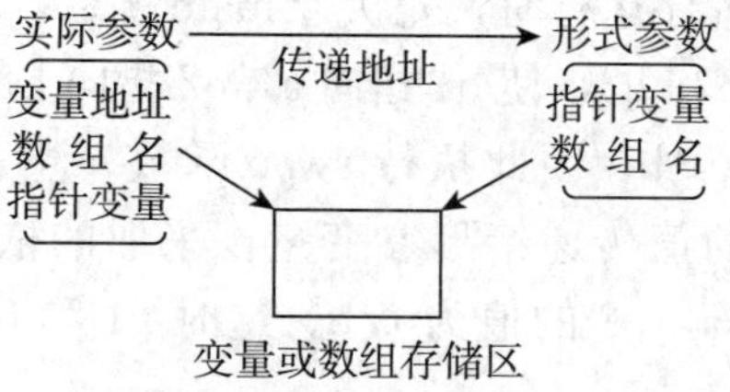

图 8-6　传递地址方式的对应分析

（2）指针变量作为函数参数的对应形式，见表 8-1。

表 8-1　指针变量作为函数参数的对应形式

实际参数	形式参数
变量的地址（& 变量）	指针变量
指针变量	指针变量
数组名	指针变量
指向数组的指针变量	数组名
指向数组的指针变量	指针变量
函数名	指向函数的指针变量

函数的参数不仅可以是整型、实型、字符型等数据，还可以是指针类型。它的作用是将一个变量的地址传送到另一个函数中。

【例 8-28】 输入 a 和 b 两个整数，按先大后小的顺序输出 a 和 b。要求用指针类型的数据作函数参数。

```
swap(int *p1,int *p2)
{  int temp;
   temp = *p1;
   *p1 = *p2;
   *p2 = temp;
}
main( )
{
  int a,b;
  int *q1, *q2;
  scanf("%d,%d",&a,&b);
  q1 = &a; q2 = &b;
  if(a<b) swap(q1,q2);
  printf("\n%d,%d\n",a,b);
}
```

说明： swap 是用户定义的函数，它的作用是交换两个变量（a 和 b）的值。swap 函数的形参p1、p2是指针变量。程序运行时，先执行main函数，输入a和b的值。然后将a和b的地址分别赋给指针变量q1和q2，使q1指向a，q2指向b。

接着执行if语句，由于a<b，因此执行swap函数。注意实参q1和q2是指针变量，在函数调用时，将实参变量的值传递给形参变量。采取的依然是“值传递”方式。因此虚实结合后形参p1的值为&a，p2的值为&b。这时p1和q1指向变量a，p2和q2指向变量b。

接着执行swap函数的函数体，使 *p1 和 *p2 的值互换，也就是使a和b的值互换。

函数调用结束后，p1和p2不复存在（已释放）最后在main函数中输出的a和b的值是已经过交换的值。

【例8-29】任意输入两个整数，通过函数调用分别求出两数之和、差、积、商。

```
void add(int c, int d)
{ printf("%d + %d = %d\n",c,d,c+d);
}
void sub(int *p, int *q)
{ printf("%d - %d = %d\n", *p, *q, *p- *q);
}
void mul(int *p, int *q)
{ printf("%d * %d = %d\n", *p, *q, *p * *q);
}
void div(int c, int d)
{ printf("%d / %d = %f\n",c,d,(float)c/d);
}
main( )
{  int a,b, *x, *y;
   x=&a;
   y=&b;
   scanf("%d,%d",&a,&b);
   add(a,b);
   sub(&a,&b);
   mul(x,y);
   div( *x, *y);
}
```

【例8-30】定义并初始化一个数组，要求在被调函数square中把数组元素的值改为原值的平方。

```
#include "math.h"
void square(int *p)
{  int i;
   for(i=0 ; i<6 ; i++ , p++)
   {   *p=pow( *p,2);
      printf("%4d", *p);
   }
```

```
    printf("\n");
}
main( )
{   int a[6] = {1,3,5,7,9,11}, *q,i;
    q = a;
    for (i = 0 ; i<6 ; i+ + )
        printf(" %4d",a[i]);
    printf("\n");
    square(a);
    for (i = 0 ; i<6 ; i+ + )
        printf(" %4d",a[i]);
    printf("\n");
}
```

8.11.2 返回函数的指针

如果一个函数的返回值是一个指针（地址），就称为指针型函数，其返回指针类型值，如果是这样就要在定义该函数的头部，对它的返回类型进行具体的定义，格式是：

```
〈返回类型标识符〉 * 〈函数名〉(〈形式参数表〉)
{  〈函数体〉  }
```

与函数头部的定义相呼应，在函数体中，最后执行的返回语句应该是：

```
return(〈指针类型的表达式〉);
```

括号里〈指针类型的表达式〉的形式经常是：& 变量名、指针变量名、数组名等。

【例 8 - 31】向一个整型数组中输入 10 个整数，输出 10 个整数中最大的数。

```
int *max(int *q)
{   int  i , *ptr;
    ptr = q;
    for (i = 0 ; i< = 9 ; i+ + ,q+ + )
        if ( *q> *ptr)   ptr = q;
    return (ptr);
}
main( )
{   int  i , a[10], *p;
    for(i = 0 ; i< = 9 ; i+ + )
    {   printf("a[ %d] = " , i);
        scanf(" %d",&a[i]);
    }
    p = max(a);
    printf("max =  %d" , *p);
}
```

【例 8 - 32】一个 4 行 3 列二维数组中存放的是 4 组数据，每行一组数据，在数组中找到平均值最高的一组数据，并输出其中各元素值。

```
int *ave(int (*q)[3])
{
  int  i,j,*ptr,sum;
   float average,max=0;
  for(i=0 ; i<=3 ; i++,q++)
   {  sum=0;
      for (j=0 ; j<=2 ; j++)
         sum=sum+*(*q+j);
      average=(float)sum/3;
      if (average>max)
        {  max=average;
           ptr=q;
        }
   }
  return(ptr);
}
main( )
{  int  i,*p;
   static  int  a[4][3]={{14,46,22},{18,78,8},{43,12,35},{34,38,30}};
   p=ave(a);
   for(i=0 ; i<=2 ; i++)
     printf("%5d" ,*(p+i));
}
```

【例 8-33】编写一个函数，它接收两个数组作为参数，将两个数组的所有值相加，并返回结果。

```
#include <stdio.h>
main( )
{
  int  a[5]={1,2,3,4,5},b[5]={6,7,8,9,0},c[5];
  int  x,add(int *,int *);
  x=add(a,b);
  printf("%d\n",x);
}
int add(int a[],int b[])
{
  int i,x=0;
  for(i=0;i<5;i++) x+=a[i]+b[i];
  return x;}
```

8.11.3　指向函数的指针

在C语言中，一个函数总是占用一段连续的内存区，而函数名就是该函数所占内存区的首地址，“函数指针”是指向存放函数代码段的内存单元区域的起始地址，即函数的入口地址。函数的指针（地址）对应的不是操作数的存储单元，而是指令的存储起始地址。

对指向函数的指针变量的使用分为3个阶段：定义、赋值和引用。

（1）定义：

```
〈类型标识符〉(*〈指针变量名〉)();
```

其中“类型标识符”表示被指函数的返回值的类型。“（*指针变量名）”表示“*”后面的变量是定义的指针变量。最后的空括号表示指针变量所指的是一个函数。

```
int  *fun();
int  (*p)();
```

第一条语句是对函数fun的说明，表示该函数的返回值是指向整型数据的指针类型。

第二条语句定义一个指向函数的指针变量p，表示该指针变量指向一个函数。

（2）赋值：

```
〈指针变量名〉=〈函数名〉;
```

通过赋值确定指针变量的指向，将函数的入口地址赋值给指向函数的指针变量，让该指针变量指向某个函数。函数说明的格式是：

```
〈返回值类型〉〈函数名〉(〈参数类型表〉);
```

（3）引用：

使用指向函数的指针变量的目的在于用它来调用所指函数，调用格式是：

```
(*〈指针变量名〉)(〈实参表〉)
```

【例8-34】任意输入两个整数，通过函数调用分别求出两数之和、差、积、商，要求用指向函数的指针对函数进行调用。

```
void add(int c,int d)
{  printf("%d + %d = %d\n",c,d,c+d); }
void sub(int c,int d)
{  printf("%d - %d = %d\n",c,d,c-d);  }
void mul(int c,int d)
{  printf("%d * %d = %d\n",c,d,c*d); }
void div(int c,int d)
{  printf("%d / %d = %f\n",c,d,(float)c/d); }
main()
{   int a,b;
    int (*p1)(),(*p2)(),(*p3)(),(*p4)();
    void add(int,int);
    void sub(int,int);
    void mul(int,int);
    void div(int,int);
```

```
    p1 = add;            p2 = sub;
    p3 = mul;            p4 = div;
    scanf("%d,%d",&a,&b);
    (*p1)(a,b);      (*p2)(a,b);
    (*p3)(a,b);      (*p4)(a,b);
}
```

将指向函数的指针作为函数参数。

【例 8-35】 任意输入两个整数，通过函数调用分别求出两数之和、差、积、商，要求用指向函数的指针对函数进行调用。

```
void fun(int a,int b,void (*p)())
{   (*p)(a,b);   }
main()
{   int a,b;
     int (*p)();
     void add(int,int);
     void sub(int,int);
     void mul(int,int);
     void div(int,int);
    scanf("%d,%d",&a,&b);
    fun(a,b,add);     fun(a,b,sub);
    fun(a,b,mul);     fun(a,b,div);
}
```

【想一想】

1. 思考例 8-35 和例 8-36 的区别。
2. 函数指针变量能不能进行算术运算？

【例 8-36】 有以下程序，运行后的输出结果是（　　）。

```
float f1(float n)
{  return n*n; }
float f2(float n)
{  return 2*n; }
main()
{  float  (*p1)(float), (*p2)(float), (*t)(float), y1, y2;
   p1 = f1; p2 = f2;
   y1 = p2(p1(2.0));
   t = p1; p1 = p2; p2 = t;
   y2 = p2(p1(2.0));
   printf("%3.0f, %3.0f\n",y1,y2);
}
```

A. 8，16　　B. 8，8　　C. 16，16　　D. 4，8

说明：本题考查指向函数的指针。题中的程序定义了3个函数指向函数的指针p1、p2、t。p1指向函数f1的地址，p2指向函数f2的地址，因此第一个表达式“p2(p1(2.0))”是用函数f2嵌套调用函数f1。当执行完语句“t1=p1;p1=p2;p2=t;”，p1、p2所存储的地址值发生了交换，也就是说p1指向函数f2的地址，p2指向函数f1的地址，于是第二个表达式“p2(p1(2.0))”是用函数f1嵌套调用函数f2。由此可知，变量f1、f2中的值分别是8、16。

【例8-37】若有以下定义和说明：

```
fun(int *c){ ……}
main( )
{
int ( *a)( ) = fun, *b( ),w[10],c;
……
}
```

在必要的赋值之后，对fun函数的正确调用语句是（　　）。

A. a=a(w);　　B. (*a)(&c);　　C. b=*b(w)　　D. fun(b)

说明：本题主要考查指向函数的指针的应用。在子函数中定义的形参为指向整型的指针，在主程序中定义了一个指向函数的指针*a，所以在调用子函数时应该使用指针的地址。选项A中直接使用变量a是不对的，因为a是一个指向函数的指针。选项C中的函数不对，因为在主程序中此函数并没有指向子函数fun( )，所以此选项不对，选项D中虽然使用了正确的函数名，但实参不对，因为在子函数中定义的形参为指向整型的指针，所以是错误的。

第 9 章　预处理命令

学习目标

1. 掌握不带参数、带参数两种形式的宏定义及应用。
2. 理解宏代换与函数调用两者之间的区别。
3. 掌握“文件包含”预处理命令＃include。
4. 了解 3 种条件编译命令。

在前面各章的实例中已多次使用过以“＃”号开头的预处理命令。如包含命令＃include、宏定义命令＃define 等。在源程序中这些命令都放在函数之外，而且一般都放在源文件的前面，它们被称为预处理部分。

C 语言提供了编译预处理的功能，编译预处理是在编译之前进行的处理，并不是 C 语言的语句，主要是为了改进程序设计环境，提高编程效率。C 语言中主要有 3 类预处理命令：宏定义、文件包含和条件编译。

9.1　宏定义

宏定义用于符号常量的定义，用＃define 引出，用＃undef 终止宏定义的作用域。宏定义命令用一个宏名标识符（一般由大写字母组成）代表一个字符串，在预编译时会用该字符串代替每一处对应宏名出现的地方，然后再进行接下来的编译。宏定义分为不带参数的宏定义以及带参数的宏定义两类。

9.1.1　不带参数的宏定义

不带参数的宏定义用一个宏名标识符（一般由大写字母组成）代表一个字符串，相当于定义一个符号常量。格式是：

```
＃define 〈宏名标识符〉 〈字符串〉
```

其中“＃”表示这是一条预处理命令。凡是以“＃”开头的均为预处理命令。“define”为宏定义命令。“标识符”为所定义的宏名。“字符串”可以是常数、表达式、格式串等。

用户在编程的时候，先用简单的宏名代替复杂的字符串，而在预编译处理时，系统自动将宏展开（将宏名替换成字符串），这样可以减少用户的工作量，并能见名知其意，若在宏定义处对字符串进行一次性修改，引用处就不用再逐一修改。

【例 9-1】 不带参数的宏定义说明。

```
#define M (y*y+3*y)
main( )
{  int s,y;
   printf("input a number: ");
   scanf("%d",&y);
   s=3*M+4*M+5*M;
   printf("s=%d\n",s);
}
```

运行结果：

```
input a number:  4↙
s=336
```

说明： 程序中首先进行宏定义，定义 M 来代替表达式（y*y+3*y），在 s=3*M+4*M−5*M中进行了宏代换。在预处理时经宏展开后该语句变为：

```
s=2*(y*y+3*y)+4*(y*y+3*y)+5*(y*y+3*y);
```

对于宏定义还有几点说明。

（1）宏替换只是简单地代替，不做语法检查。如有错误，只能在编译已被宏展开后的源程序时发现。

（2）宏定义不是语句，在行末不必加分号，加了则连分号也一起置换；字符串不用加界定符双引号，加了则会把双引号作为字符串的组成部分。

（3）如果程序中的某双引号中出现与宏名相同的字符串，则不能进行宏替换。

【例 9-2】 宏名出现在双引号中的情况。

```
#define OK 100
main( )
{
  printf("OK");
  printf("\n");
}
```

运行结果：

```
OK
```

说明： 上例中定义宏名 OK 表示 100，但在 printf 语句中 OK 被引号括起来，因此不做宏代换。程序的运行结果为 OK，这表示把“OK”当字符串处理。

（4）宏定义必须写在函数之外，其作用域从宏定义命令起，到源程序结束。如要终止其作用域，可使用# undef 命令。

例如：

```
#define PI 3.14159
```

```
main( )
{
  ……
}
#undef PI
f1( )
{
  ……
}
```

表示 PI 只在 main 函数中有效，在 f1 中无效。

（5）宏定义允许嵌套，在宏定义的字符串中可以使用已经定义的宏名。在宏展开时由预处理程序层层代换。

例如：

```
#define PI 3.1415926
#define S  PI*y*y/*PI是已定义的宏名*/
```

（6）习惯上宏名用大写字母表示，以便与变量区别。但也允许用小写字母。

（7）可用宏定义表示数据类型，使书写方便。

例如：

```
#define INTEGER  int
INTEGER  a,b;
```

（8）对"输出格式"做宏定义，可以减少书写麻烦。

```
#define  NL  putchar('\n')
#define  PR(value)  printf("value=%d\t",(value))
#define  PRTINT1(x1)  PR(x1); NL
#define  PRTINT2(x1,x2)  PR(x1); PRTINT1(x2)
```

如果在程序中有以下的宏引用：

```
PR(x);
PRINT1( x);
PRINT2(x1,x2);
```

写出宏展开后的情况，并写出应输出的结果，设 x=12，x1=9，x2=38。

展开后：

```
printf("value=%d\t",x);
printf("value=%d\t",x) ; putchar('\n');
printf("value=%d\t",x1) ; printf("value=%d\t",x2) ; putchar('\n');
```

输出结果：

```
value=12          value=12
value=8           value=38
```

9.1.2　带参数的宏定义

带参数的宏定义在替换的同时还要进行参数替换，宏定义的格式是：

```
#define　宏名（形参表）含有参数的字符串
```

使用宏名的格式是：

```
宏名(实参表);
```

带参数的宏的替换过程可以分解成两步。

（1）先把实参与形参从左至右一一对应，再把每个实参替换到字符串中对应形参出现的位置，形成准备进行替换的字符串。

（2）把第（1）步形成的字符串替换到程序中该宏名出现的位置。

【例 9-3】 用带参宏求出两数中的大数。

```
#include <stdio.h>
#define MAX(a,b) (a>b)?a:b
main( )
{
  int x,y,max;
  printf("input two numbers:");
  scanf("%d%d",&x,&y);
  max=MAX(x,y);
  printf("max=%d\n",max);
}
```

运行结果：

```
input two number:23 34↙
max=34
```

案例中，程序第一行进行宏定义，用宏名 MAX 表示条件表达式(a>b)?a:b，形参 a，b 均出现在条件表达式中，程序代码 max=MAX(x,y);为调用宏，实参 x，y 将代换形参 a，b。宏替换后语句为：max=(x>y)?x:y;。

【想一想】

1. 若把语句“max=MAX(x,y);”改为语句“max=3*MAX(x,y);”，输入不变，程序的执行结果是什么？

2. 若把语句“max=MAX(x,y);”改为语句“max=MAX(x,y)*3;”，输入不变，程序的执行结果是什么？

带参数的宏定义和有参函数调用有点类似，但本质不同，带参数的宏定义仍是在编译处理时简单地把实参替换到字符串中形参的位置，再把字符串替换到带参宏名出现的位置，不做语法判断。主要区别如下。

（1）带参宏定义是在程序编译之前进行处理的，形式参数不分配内存单元，也不进行参数传递。函数调用在程序运行过程中处理，并且为形式参数动态分配了内存单元。

（2）函数调用时，先将实参表达式值计算出来后，传给形参。而带参宏却仅仅是简单的字符串替换。

（3）函数调用需要占用运行时间。宏替换占用编译时间，不会占用运行时间。

（4）函数定义和调用时，形参和实参的类型必须一致。宏定义则不需要，只要简单地进行字符置换。

（5）宏定义的形参是标识符，而宏调用中的实参可以是表达式。例如：

有宏定义：

```
#define SQ(y)  y*y
```

调用宏语句：

```
k=SQ(3+2);
```

宏替换之后得到语句：

```
k=3+2*3+2;
```

故 k 的值是 11。可以将宏定义改成：

```
#define SQ(y)  (y)*(y)
```

宏替换之后得到语句：

```
k=(3+2)*(3+2);
```

故现在 k 的值是 25。

【例 9-4】 以下程序的输出结果为（　　）。

```
#define f(x) (x*x)
main( )
{ int i1, i2;
 i1=f(8)/f(4); i2=f(4+4)/f(2+2);
printf("%d, %d\n",i1,i2);
}
```

A. 64，28　　B. 4，4　　C. 4，3　　D. 64，64

答案： C

说明： 程序中的语句 i1＝f(8)/f(4);等价于 i1＝(8*8)/(4*4);，语句 i2＝f(4＋4)/f(2＋2);等价于 i2＝(4＋4*4＋4)/(2＋2*2＋2)，因此输出为 C。

【例 9-5】 以下程序的输出结果为（　　）。

```
#include <stdio.h>
#define POW(x)  x*x
main( )
{
int a,k=3;
a=++POW(k+1);
```

```
printf("%d\n",a);
}
```

A. 6　　B. 10　　C. 8　　D. 9

答案：D

说明：此题主要考查带参数的宏替换，替换的原则是：当程序中遇到所定义的宏名进行展开时，则应使用定义时的字符串 x*x 进行原样替换，不能将计算后的结果进行替换。此题中定义了宏名 POW，程序中遇到形参 x，则以实参 k+1 代替，其他字符不变。所以，POW(k+1) 经宏展开后成为字符串 k+1*k+1。整个赋值语句的形式变为 a=++k+1*k+1;，k 的值为 3。若按从左到右的顺序运算，k 先自增 1，变为 4，则 a=4+1*4+1=9。

9.2 文件包含

"文件包含"是指在一个源文件中把另一个源文件的内容包含进来，形成一个整体文件，以后可以统一编译。文件包含的命令格式是：

```
#include"文件名"
```

或

```
#include <文件名>
```

在程序设计中，文件包含是很有用的。一个大的程序可以分为多个模块，由多个程序员分别编程。有些公用的符号常量或宏定义等可单独组成一个文件，在其他文件的开头用包含命令包含该文件即可使用。这样，可避免在每个文件开头都去书写那些公用量，从而节省时间，并减少出错。对文件包含命令还要说明以下几点。

（1）包含命令中的文件名可以用双引号括起来，也可以用尖括号括起来。二者区别是：

```
#include <file.h>
```

使用尖括号表示在包含文件目录中去查找（包含目录是由用户在设置环境时设置的），而不必在源文件目录查找。

```
#include "file.h"
```

使用双引号则表示首先在当前的源文件目录中查找，若未找到再到包含目录中查找。用户编程时可根据自己文件所在的目录选择某一种命令形式。

（2）一个 include 命令只能指定一个被包含文件，若有多个文件要包含，则需用多个 include命令。

（3）文件包含允许嵌套，即在一个被包含的文件中又可以包含另一个文件。

【例 9-6】假设有以下 3 个源文件 test1.c、test2.c 和 test3.c，利用编译预处理命令实现多文件的编译和连接（注：此例仅需读者了解，如要操作，可以把所建立的文件放在文件目录 include 文件夹下进行练习）。

源文件 test1.c

```
main( )
```

```
{
int a,b,c,s,m;
  printf("\na,b,c=?");
  scanf("%d,%d,%d",&a,&b,&c);
  s=sum(a,b,c);
  m=mul(a,b,c);
  printf("The sum is %d\n",s);
  printf("The mul is %d\n",m);
}
```

源文件 test2.c

```
int sum(int p1,int p2,int p3)
{   return(p1+p2+p3);   }
```

源文件 test3.c

```
int mul(int p1,int p2,int p3)
{   return(p1*p2*p3); }
```

源文件 test1.c

```
#include "test2.c"
#include "test3.c"
main( )
{  int a,b,c,s,m;
   printf("\na,b,c=?");
   scanf("%d,%d,%d",&a,&b,&c);
   s=sum(a,b,c);
   m=mul(a,b,c);
   printf("The sum is %d\n",s);
   printf("The mul is %d\n",m);
}
```

9.3 条件编译

预处理程序提供了条件编译的功能。可以按不同的条件去编译不同的程序部分，因而产生不同的目标代码文件。这对于程序的移植和调试是很有用的。条件编译有＃ifdef、＃ifndef 和＃if 3 种形式。

9.3.1 ＃ifdef 命令

```
#ifdef  标识符
   程序段 1
#else
  程序段 2
#endif
```

功能：如果标识符已被 #define 命令定义过则对程序段 1 进行编译；否则对程序段 2 进行编译。如果没有程序段 2（它为空），本格式中的#else 可以没有，即可以写为：

```
#ifdef  标识符
  程序段
#endif
```

【例 9-7】 条件编译的实例。

```
#define DENUG 100
main( )
{  int a,b,c;
scanf("%d%d",&a,&b);
c=a+b;
#ifdef  DENUG
  printf("a=%d,b=%d,c=%d\n",a,b,c);
#else
  printf("c=%d\n",c);
#endif
}
```

运行结果：

```
3 4↙
a=3,b=4,c=7
```

由于在程序中插入了条件编译预处理命令"#ifdef　DENUG"，因此要根据 DENUG 是否被定义过来决定编译哪一个 printf 语句。而在程序的第一行已对 NUM 做过宏定义，因此应对第一个 printf 语句进行编译，故运行结果是输出 a，b，c 的值。

在程序的第一行宏定义中，定义 DENUG M 表示字符串 100，其实也可以为任何字符串，甚至不给出任何字符串，写为：

```
#define DENUG
```

该语句也具有同样的意义。只有取消程序的第一行才会去编译第二个 printf 语句。读者可上机练习。

9.3.2　#ifndef 命令

#ifndef 的形式和上面的#ifdef 类似，只是第一行不同。形式如下。

```
#ifdef  标识符
  程序段 1
#else
  程序段 2
#endif
```

功能：如果标识符没有被 #define 命令定义过则对程序段 1 进行编译；否则对程序段 2 进行编译。这与第一种形式的功能正相反。

【例 9-8】条件编译的实例。

```
main( )
{   int a,b,c;
    scanf(" %d%d",&a,&b);
    c=a+b;
    #ifdef  NUM
      printf("a=%d,b=%d,c=%d\n",a,b,c);
    #else
      printf("c=%d\n",c);
    #endif
}
```

运行结果：

```
6 4↙
a=6,b=4,c=10
```

9.3.3 #if 命令

```
#if 常量表达式
      程序段 1
    #else
      程序段 2
    #endif
```

功能：如常量表达式的值为真（非 0），则对程序段 1 进行编译，否则对程序段 2 进行编译。因此可以使程序在不同条件下完成不同的功能。

【例 9-9】条件编译的实例。

```
#define R 1
main( )
{   float c,r,s;
    printf("input a numbe:  ");
    scanf(" %f",&r);
    #if R
      c=3.14159*r*r;
      printf("area of round is: %5.2f\n",c);
    #else
      s=r*r;
      printf("ares of square is: %5.2f\n",s);
    #endif
}
```

运行结果：

```
2↙
area of round is: 12.57
```

案例中的程序可以应用于求圆的面积和正方形的面积，只需要修改宏定义R的值即可。当R为1时，#if R成立，输入和输出圆的半径与面积；当R的值为0时，输入和输出正方形的边长与面积。

尽管条件编译的3种形式均可以通过if语句来实现，但if语句中所有的语句都要被编译，势必增加了目标文件的长度，也增加了程序的运行时间。使用条件编译，可以缩短目标程序的长度，减少运行时间，而且大大提高了程序的可移植性，增加了程序的灵活性。

第 10 章　用户自定义的数据类型

学习目标

1. 掌握结构体变量的定义与引用方法。
2. 了解共用体、枚举体变量的定义与引用方法。
3. 学会用户自定义类型的使用方法。
4. 重点掌握链表的建立、插入、删除、输出等操作方法。

10.1　结构体

在程序设计过程中，选择好数据类型是很重要的，然而在实际过程中，一个对象却具有多个不同的属性，也就是具有不同的数据类型。例如描述学生的基本情况，包括姓名、学号、性别、年龄、学科成绩等，这些属性值中姓名、学号是字符串、性别是字符、年龄是整数、学科成绩是浮点数。但这些不同类型的数据都是用来描述同一个对象，相互之间具有逻辑上的联系。这些问题是基本数据类型、数组难以解决的，为此需要用户根据需要来定义数据类型，把这些不同的属性值结合起来形成有机的整体进行引用。C 语言允许用户自己根据需要定义这样一种数据结构，称为结构体数据类型。

10.1.1　结构体的定义

C 语言引入结构体的主要目的是将具有多个属性的事物作为一个逻辑整体来描述，结构体是一种构造类型，它是由若干“成员”或“分量”组成的。每一个成员可以是一个基本数据类型或者又是一个构造类型。结构体就是一种“构造”而成的数据类型，那么在说明和使用之前必须先定义它，也就是构造好再使用。

1. 结构体类型的声明

```
struct 〈结构体类型名〉
{  〈类型标识符〉〈成员名 1〉;
   〈类型标识符〉〈成员名 2〉;
   〈类型标识符〉〈成员名 3〉;
   …
   〈类型标识符〉〈成员名 n〉;
};
```

（1）struct 是系统指定的关键字，作为结构体的标识符。结构体名由用户指定，但遵循标识符的命名规则。类型标识符可以是整型、实型、字符型、数组、指针等类型。所有成员组成了结构体，成员之间名称不能相同，但类型可以相同。

（2）定义结构体的最后（花括号后）必须要有分号，以标识结构体定义语句的结束。

（3）结构体定义的语句，声明时只是定义了一种结构体类型的逻辑结构体，即告诉系统它由哪些类型的成员构成，各占多少字节，按什么形式存储，并把它们当成一个整体来处理，但编译器并不会为其分配内存空间。只有使用新定义的结构体数据类型定义一个变量时，编译器才会为该变量分配内存空间，才能确保对成员的引用。

2. 结构体变量的定义

使用 struct 定义好结构体数据类型，就可以使用该类型定义对应的变量，便于在程序中引用结构体中的成员。用结构体类型定义的变量称为结构体变量。

定义结构体类型变量的方法如下。

（1）先定义结构体类型，再使用结构体类型定义结构体变量。

定义结构体变量的格式是：

```
struct 〈结构体类型名〉 〈结构体变量表〉;
```

例如：

```
struct  student
{  char   name[10];
   char no[8];
   char   sex;
   int   age;
   float   score;
   };
struct  student   stud1,stud2;
```

说明：其中 struct　student 为结构体类型名。stud1，stud2 就是结构体类型变量，系统将计算出结构体中各成员数据类型所占字节数之和，从而给结构体变量分配相应的存储空间。也就是说结构体变量所占的字节数等于各成员数据类型所占字节数之和。

（2）在定义结构体类型的同时，定义结构体变量，定义格式如下。

```
struct〈结构体类型名〉
  {〈类型标识符〉〈成员名 1〉;
     …
    〈类型标识符〉〈成员名 n〉;
}〈结构体变量表〉;
```

例如：

```
struct student
{  char   name[10];
   char no[8];
   char   sex;
```

```
    int   age;
    float   score;
  } stud1,stud2;
```

（3）在定义结构体类型时，不设置结构体类型名，而是直接定义结构体变量。

```
struct
  {  〈类型标识符〉〈成员名 1〉;
     …
     〈类型标识符〉〈成员名 n〉;
  }〈结构体变量表〉;
```

例如：

```
struct
  {  char   name[10
     char no[8];
     char   sex;
     int   age;
     float   score;
  } stud1,stud2;
```

说明：这种方法的不同之处在于省去了结构名，而直接给出结构体变量。这种形式常在定义结构体类型时定义需要的结构体变量，在以后的程序中无法使用，所以一般不使用。

上述 3 种结构体变量的定义形式，要根据实际情况选择使用，同时应注意几个问题。

（1）类型和变量是两个不同的概念，自定义时用户应先定义数据类型，然后才能引用该类型定义对应的变量。程序中只有经过定义的变量，系统才能为其分配存储空间，以便于进行赋值、存取或运算等操作，而不能对一个类型进行相关的操作。

（2）结构体类型中的成员又是一个结构体，即构成嵌套结构。例如：

```
struct student
  {  int num,age;
     char name[20],sex,addr[30];
     struct   study
     {
       float Chinese,Math,Physics,English;
     }score;
  } stud1,stud2;
```

其中 struct　student 是外层结构，struct　study 是内层结构体，所定义的变量 score 与 num，age，name sex，addr 属于外层结构体中的成员。

注意：

（1）struct 是关键字，作为定义结构体类型的标志，后面紧跟的是结构体类型名，由用户自行定义。

(2) 花括号内是结构体的成员说明表，称为数据项，也称为成员或分量，用来说明该结构体有哪些成员及它们属于哪种数据类型，占多少字节，按什么形式存储，但不会为其分配存储空间，只有在定义一个结构体变量时，才会为该变量分配内存空间。其中成员之间名称不能相同，但数据类型可以相同。

(3) 花括号外的分号不能省略，它标识结构体定义语句的终止。

(4) 不要把结构体类型名和结构体变量名混淆。

10.1.2 结构体变量的使用

结构体是由不同的数据类型的若干个数据集合而成。在操作过程中，通常不能把它作为一个整体来使用。

ANSI C 中允许具有相同类型的结构体变量相互赋值，即把一个结构体变量名赋给另一个结构体变量名。

1. 结构体变量的引用

成员的引用格式是：

〈结构体变量名〉.〈成员名〉

必须先找到结构体变量，才能引用对应的结构体成员，“.”就是成员运算符，表示对结构体中的哪个成员进行引用，成员运算符的优先级在所有运算中是最高的。通过结构体变量正确引用成员后，其类型就是成员的数据类型。

例如：

```
struct  clock
  { int  hour, minute, second;};
struct  date
  {  int year, month, day;
     struct  clock  time;
} today,nextday ;
```

(1) 单独引用结构体变量的成员。例如：

```
today.year = 2012;
```

(2) 如果成员本身又是一个结构体则必须逐级找到最低级的成员进行引用。例如：

```
today.time.second = 15;
```

(3) 结构体变量可以作为一个整体引用，例如：

```
nextday = today;
```

2. 结构体变量的赋值

(1) 可以将一个结构体变量整体赋给具有相同的结构体数据类型的变量。例如：

```
stud2 = stud1;
```

(2) 把结构体变量 stud1 各成员的值分别赋值给结构体变量 stud2 的各成员，相当于：

```
strcpy(stud2.name, stud1.name);
stud2.score = stud1.score;
```

注意：
字符数组之间赋值不能使用赋值运算符，必须使用字符串赋值函数 strcpy。

3. 结构体变量的输入和输出

如果使用 scanf 函数接收结构体变量的值，不能直接针对结构体变量接收输入，要将成员分开接收，如 scanf("%d,%s,%c,%d,%f,%s\n",&student1);是错误的输入形式。

应为：

```
scanf("%s",stud2.name);
scanf("%f",&stud2.score);
......
```

注意：
对字符数组输入接收，直接引用数组名，不需要加取地址运算符 &。

同样，结构体变量的输出也是被分解到各成员的输出上，以正确的引用方式和对应的类型输出控制符对应即可。

例如：

printf("%d,%s,%c,%d,%f,%s\n",student1);这是错误的输出形式。

应为：

```
printf("%s\n",stud2.name);
printf("%f\n",stud2.score);
......
```

输入输出函数并不一定要逐条逐句书写，也可以合并书写，只要引用方式正确且类型与格式控制符对应即可。

例如：

```
scanf("%c %f",&boy1.sex,&boy1.score);
printf("Sex = %c\nScore = %f\n",boy2.sex,boy2.score);
```

【例 10-1】给结构变量赋值并输出其值（不采用整体赋值形式）。

```
main( )
{
  struct stu
  {
    int num;
    char *name;
    char sex;
```

```
    float score;
  } boy1,boy2;
    boy1.num = 102;
    boy1.name = "Zhang ping";
    boy1.sex = 'T';
    boy1.score = 88.6;
    boy2.num = boy1.num;
    strcpy(boy2.name,boy1.name);
    boy2.sex = boy1.sex;
    boy2.score = boy1.score;
    printf("Number = %d\nName = %s\n",boy1.num,boy1.name);
    printf("Sex = %c\nScore = %.2f\n",boy1.sex,boy1.score);
    printf("\n");
    printf("Number = %d\nName = %s\n",boy2.num,boy2.name);
    printf("Sex = %c\nScore = %.2f\n",boy2.sex,boy2.score);
}
```

运行结果：

```
Number = 102
Name = Zhang ping
Sex = T
Score = 88.60

Number = 102
Name = Zhang ping
Sex = T
Score = 88.60
```

【例 10 - 2】给结构变量赋值并输出其值（采用整体赋值形式）。

```
main( )
{
  struct stu
  {
    int num;
    char *name;
    char sex;
    float score;
  } boy1,boy2;
    boy1.num = 102;
    boy1.name = "Zhang ping";
    boy1.sex = 'T';
    boy1.score = 88.6;
    boy2 = boy1;
    printf("Number = %d\nName = %s\n",boy1.num,boy1.name);
```

```
    printf("Sex = %c\nScore = %.2f\n",boy1.sex,boy1.score);
    printf("\n");
    printf("Number = %d\nName = %s\n",boy2.num,boy2.name);
    printf("Sex = %c\nScore = %.2f\n",boy2.sex,boy2.score);
}
```

运行结果：

```
Number = 102
Name = Zhang ping
Sex = T
Score = 88.60

Number = 102
Name = Zhang ping
Sex = T
Score = 88.60
```

说明：以上程序采用赋值语句分别给结构体变量 boy1 对应的各成员进行赋值。boy2＝boy1；表示进行整体赋值。输出结果保值一致。

【想一想】

1. 如果采用格式输入函数给成员 num、score 赋值，要采用什么格式？
2. 如何把 boy1.name＝"Zhang ping"；语句改为格式输入函数形式？

4. 结构体变量存储空间的大小等于结构体类型各成员分量所占字节数之和

```
struct
{  char   name[10];
   char no[8];
   char   sex;
   int   age;
   float   score;
} stud1,stud2;
```

则 sizeof（stud1）的字节数为 25，sizeof（stud2）的字节数也为 25。

10.1.3 结构体变量的初始化

在 C 语言中使用变量的基本原则是必须先定义后使用或定义时进行初始化赋值。结构体变量的初始化具有相同的规律。

格式为：

```
struct 〈结构体类型名〉
{  〈类型标识符〉〈成员名 1〉;
   〈类型标识符〉〈成员名 2〉;
```

```
    〈类型标识符〉〈成员名3〉;
      …
    〈类型标识符〉〈成员名n〉;
};
```

struct 结构体类型名

变量名={初始化值1,初始化值2,……,初始化值n};

例如：

```
struct student
{  char name[20];
   char  sex;
   int   age;
   float score;
} stu1, stu2={"Wangwu",'m',20,88.5};
```

说明：这种定义格式一定要用花括号把初始化表括起来，不同的成员初值用逗号隔开，且字符要加单引号定界，字符串要加双引号定界，数组加花括号定界。

【例10-3】结构体变量初始化，并输出其值。

```
main( )
{
 struct student
 {  char  name[20];
    char  sex;
    int   age;
    float score;
 } stu1, stu2={"Wangwu",'m',20,88.5};
printf("Name=%s\nSex=%c\nAge=%d\nScore=%.2f\n", stu2.name, stu2.sex, stu2.age,
stu2.score);
}
```

运行结果：

```
Name=Wangwu
Sex=m
Age=20
Score=88.50
```

【想一想】

1. 结构体变量的初始化格式中，能否使用stu1=stu2;进行整体赋值并输出？

2. 初始化结构体变量时，既可以初始化全部成员变量，也可以对部分成员初始化。对部分成员进行初始化时，至少有一个数据，其他由系统按数据类型特点完成。如果对复杂的结构体同样遵循上述规律。下列代码的执行结果是什么？

```
    main( )
  {
   struct student
   {  char  name[20];
      char  sex;
      int   age;
      float score;
  } stu1, stu2 = {"Wangwu"};
  printf("Name = % s\nSex = % c\nAge = % d\nScore = % .2f\n", stu2.name, stu2.sex, stu2.age,
stu2.score);
```

10.1.4 结构体数组

结构体类型用于描述一个对象的多方面属性，一个结构体变量对应一个对象，如果需要描述一个群体中多个对象的属性，则要设置多个结构体变量，这时，就可以通过设置结构体数组进行处理。

结构体数组的定义也要建立在定义结构体类型的基础上，然后再定义数组的名称和长度，结构体数组的定义格式是：

```
struct  〈结构体类型名〉 〈结构体数组名〉[〈长度〉];
```

1. 先定义结构体类型，再定义结构体数组

```
struct student
        {  int   num;
           char name[20];
           char sex;
           int   age;
          float  score;
        } ;
struct  student  stud[10];
```

2. 定义结构体类型的同时，定义结构体数组

```
struct student
        {  int   num;
           char name[20];
           char sex;
           int   age;
           float  score;
        } stu[30];
```

编译器将自动为所有结构体数组元素分配足够的存储单元，结构体数组中的元素是连续存放的。

结构体数组元素的类型是结构体类型，像数组一样，结构体元素的下标也从 0 开始。结构体数组元素可以理解为类型相同（均为结构体类型）、名称相同、下标不同的多个结构体

变量的有序集合。这点与数组元素的理解一致。

3. 结构体数组的初始化

结构体数组的初始化也只能针对全局数组或静态存储数组进行，每个元素的初始化列表都要用一对花括号括起来以示区分，花括号之间用逗号相隔，每个元素的初始化表中的数据类型要与对应成员的类型一致。

例如：

```
struct student
  {  int num;
     char name[20];
     char sex;
     int  age;
     float score;
     char addr[30];
  }stu[3] = {{101,"WGJ",'M',28,88.5,"CS"},
             {102,"DYH",'F',26,88.0,"CS"},
             {103,"DYC",'M',24,78.5,"CZ"}};
```

4. 结构体数组元素的引用

在引用数组元素时，每个元素就是一个结构体变量，要把元素的引用和结构体变量成员的引用结合起来，格式是：

〈数组名〉[〈下标号〉].〈成员名〉

如：stu[1].num=102；表示引用下标为 1 的元素的成员 num.。

结构体数组元素的使用和单个结构体变量的使用规则是一致的，也要分解到元素中的各成员上，只是多出了一个组织层次，引用上也多出了一个层，但元素的成员仍然属于变量范畴，具有一般变量的使用特性。

【例 10-4】输出存放在结构体数组的元素。

```
#include <stdio.h>
struct student
{
  char name[20];
  char sex;
  int age;
  float score;
};
struct student student1[] = {{"sunyu",'M',16,98.5},{"sunlaijiang",'M',17,96},{"laihua",'F',17,97}};
main( )
{
  int i;
  printf("Name            Sex  Age    Score\n");
  for(i = 0;i<3;i++)
    printf("%-15s%3c%5d%10.1f\n",
```

```
student1[i].name,student1[i].sex,student1[i].age,student1[i].score);
    }
```

运行结果：

```
Name            Sex     Age     Score
sunyu           M       16      98.5
sunlaijiang     M       17      96.0
laihua          F       17      97.0
```

程序中定义1个全局的结构体数组，它有3个元素，每个元素包含4个成员。程序的结果是逐个输出结构体变量成员的值。

【想一想】

1. 若用户数据不是初始化，而是由键盘输入，程序怎样改写？
2. 结构体数组初始化的含义是什么？输出函数的格式对应关系有哪些？

【例10-5】计算学生的平均成绩和不及格的人数。

```
struct stu
{
  int num;
  char *name;
  char sex;
  float score;
}boy[5]={
          {101,"Li ping",'M',45},
          {102,"Zhang ping",'M',62.5},
          {103,"He fang",'F',92.5},
          {104,"Cheng ling",'F',87},
          {105,"Wang ming",'M',58},
      };
main()
{
  int i,c=0;
  float ave,s=0;
  for(i=0;i<5;i++)
  {
    s+=boy[i].score;
    if(boy[i].score<60) c+=1;
  }
  printf("s=%f\n",s);
  ave=s/5;
  printf("average=%f\ncount=%d\n",ave,c);
}
```

【想一想】

1. 若从键盘输入数据，针对不同的成员数据类型，在输入格式上有什么要求？
2. 如果要求找到成绩最大值所在的位置，程序怎样更改？

10.1.5　指向结构体变量的指针

当一个指针变量被用来指向一个结构体变量时，称之为结构指针变量。结构体指针变量中的值是所指向的结构体变量的首地址。通过结构体指针即可访问该结构变量，这与数组指针和函数指针的情况是相同的。

1. 定义结构指针变量

定义结构体指针变量的形式如下。

```
struct 〈结构体类型名〉 *〈结构体指针变量名〉
```

说明：要定义结构体指针变量，首先要定义好结构体类型。

例如：

```
struct stu
{
  int num;
  char *name;
  char sex;
  float score;
}stud;
struct stu *pstu;
```

2. 给结构体指针变量赋值

赋值形式为：

```
〈指针变量名〉=&〈结构体变量名〉;
```

说明：

（1）结构指针变量定义后，要先赋值才能使用。

（2）赋值是把结构体变量的首地址赋予该指针变量，但不能把结构体名赋予该指针变量。

（3）结构体名和结构体变量是两个不同的概念，不能混淆。结构体名只能表示一个结构形式，编译系统并不对它分配内存空间，也就不存在内存地址。只有当某变量被说明为这种类型的结构时，才对该变量分配存储空间。

例如：

```
pstu=&stud;(正确)          pstu=&stu;(错误)
```

3. 结构体指针变量的引用

引用形式为：

```
(*结构体指针变量).成员名
```

或为：

结构体指针变量－>成员名

例如：

(＊pstu).num

或者：

pstu－>num

注意：

(＊pstu）两侧的括号不可少，因为成员符“.”的优先级高于“＊”。如去掉括号写作＊pstu.num 则等效于＊(pstu.num)，这样，意义就是从 pstu 结构体变量的成员 num 保存的地址中获取数据，其意义完全不同。

访问结构体变量存在以下 3 种形式。

〈结构体变量名〉.成员名
(＊结构体指针变量).成员名
结构体指针变量－>成员名

这 3 种用于访问结构体成员的形式是完全等效的。第一种方式是直接使用结构体变量的句点运算符访问成员，第二种和第三种方式是使用指向结构体变量的指针变量访问结构体成员。

【例 10－6】用结构体指针变量控制结构体变量各成员的输出。

```
struct stu
{
  int num;
  char *name;
  char sex;
  float score;
  } boy1 = {102,"Zhang ping",'M',78.5}, *pstu;
main( )
{
  pstu = &boy1;
  printf("Number = %d\nName = %s\n",boy1.num,boy1.name);
  printf("Sex = %c\nScore = %f\n\n",boy1.sex,boy1.score);
  printf("Number = %d\nName = %s\n",(*pstu).num,(*pstu).name);
  printf("Sex = %c\nScore = %f\n\n",(*pstu).sex,(*pstu).score);
  printf("Number = %d\nName = %s\n",pstu->num,pstu->name);
  printf("Sex = %c\nScore = %f\n\n",pstu->sex,pstu->score);
}
```

从运行结果可以看出 3 种用于表示结构成员的形式完全等效。

【想一想】

1. pstu－＞score 的数据类型是指针型还是实型？说明理由。

2. (* pstu). num 是否可以用 * pstu. num 替换，为什么？

10.1.6　指向结构体数组的指针

指针变量可以指向一个结构体数组，这时结构体指针变量的值是整个结构体数组的首地址。结构体指针变量也可指向结构体数组的一个元素，这时结构指针变量的值是该结构体数组元素的首地址。

设 ps 为指向结构体数组的指针变量，则 ps 也指向该结构体数组的 0 号元素，ps＋1 指向 1 号元素，ps＋i 则指向 i 号元素。可见，指向结构体的指针变量是以结构体成员所占的字节数为基本的移动单位。

【例 10－7】用指针变量输出结构数组元素值。

```
struct stu
{
  int num;
  char * name;
  char sex;
  float score;
  }boy[5] = {
            {101,"Zhou ping",'M',45},
            {102,"Zhang ping",'M',62.5},
            {103,"Liou fang",'F',92.5},
            {104,"Cheng ling",'F',87},
            {105,"Wang ming",'M',58},
          };
main( )
{
 struct stu * ps;
 printf("No\tName\t\t\tSex\tScore\t\n");
 for(ps = boy;ps<boy + 5;ps + + )
 printf(" %d\t %s\t\t %c\t %f\t\n",ps - >num,ps - >name,ps - >sex,ps - >score);
}
```

说明：在程序中，定义了 stu 结构类型的外部数组 boy 并初始化赋值。在 main 函数内定义 ps 为指向 stu 类型的指针。在 for 循环语句的表达式 1 中，ps 被赋予 boy 的首地址，然后循环 5 次，输出 boy 数组中各成员值。

注意：

一个结构体指针变量可以用来访问结构体变量或结构体数组元素的成员，但是，不能使它指向一个成员。也就是说不允许取一个成员的地址来赋予它。因此，下面的赋值 ps=&boy[1].sex；是错误的。而只能是 ps=boy；(赋予数组首地址)，或者是ps=&boy[0]；(赋予 0 号元素首地址)。

【想一想】

1. for 循环语句的表达式 2 表示什么意思？
2. for 循环语句的表达式 3 的变化规律是什么？

【例 10-8】 根据以下程序理解指向结构体数组的结构体指针的运算规律。

```
main( )
{
  struct student
  {
    char name[10];
    char n0[8];
    char sex;
    int age;
  };
  struct student stud[3] = {
                             {"L1","101",'M',18},
                             {"L2","102",'M',19},
                             {"L3","103",'M',17}
                           };
    struct student *p;
    p = stud;
    printf("%d ",p->age++);
    printf("%d ",++p->age);
    printf("%d ",(p++)->age);
    printf("%d ",(++p)->age);
    getch( );
  }
```

运行结果：

```
18  20  20  17
```

【想一想】

1. 根据输出结果分析上述表达式的运算规律？
2. 运行结果中的 20 是不是 19 加 1 的结果？

10.1.7　结构体与函数

结构体作为一种构造数据类型，也和变量、数组一样，可以在函数之间传递数据，传递的方式一是结构体整体传递到函数，二是传递指向结构体变量的指针。

从前述函数的参数传递可知，就是实参和形参在数据类型上、个数上、位置上都必须具有匹配性。则结构体变量或结构体数组元素作为参数传递时，通常具有以下 3 种形式。

（1）实参和形参都是结构体变量名。

（2）实参是结构体变量的地址，形参是相同结构体类型的指针。

（3）实参和形参都是相同结构体类型的指针。

1. 结构体变量或结构体数组元素作为函数参数

【例 10 - 9】传递结构体变量的值到函数。

```
#include <stdio.h>
#define N 3
struct message { int a;float b;char c;};
void fun(struct message);
void main( )
{
 int i;
 struct message need[N] = {{2,20.2,'A'},{3,30.2,'B'},{4,40.2,'C'}};
 for(i = 0;i<N;i++)
   printf("%d,%.1f,%c\n",need[i].a,need[i].b,need[i].c) ;
 printf("\n");
 for(i = 0;i<N;i++)
   fun(need[i]);
 printf("\n");
 for(i = 0;i<N;i++)
   printf("%d,%.1f,%c\n",need[i].a,need[i].b,need[i].c);
 getch( );
}
void fun(struct message need1)
{
   need1.a+ = 3;
   need1.b--;
   need1.c+ = 2;
   printf("%d,%.1f,%c\n",need1.a,need1.b,need1.c);
}
```

本程序中定义了函数 fun，其形参为结构体变量 need1，其值来源于 main( ) 函数中定义的结构体数组 need[N]，通过循环语句依次把结构体数组元素作为实参赋给具有相同结构体类型的形参变量 need1，在 fun 函数中更改形参各成员的值，分别完成输出。

【想一想】

1. 试分析运行后的第一个输出函数与 fun 函数中输出是否会一致，其传递形式属于哪种传递方式？

2. 主调函数调用点的 fun(need[i]) 能否改为 fun(need)，为什么？

3. 全局结构体定义可以放在 main( ) 函数中吗？

2. 结构体指针作为函数参数

在 ANSI C 标准中允许用结构变量作函数参数进行整体传送。但是这种传送要将全部成员逐个传送，特别是成员为数组时将会浪费传送的时间和空间，严重地降低程序的运行效率。因此最好的办法就是使用指针，即用指针变量作函数参数进行传送。这时由实参传向形参的只是地址，从而减少了时间和空间的浪费。

【例 10-10】用结构体指针作为函数参数。

```
#include <stdio.h>
#define N 3
struct message { int a;float b;char c;};
void fun(struct message *need);
void main( )
{
 int i;
 struct message need[N] = {{2,20.2,'A'},{3,30.2,'B'},{4,40.2,'C'}};
 for(i=0;i<N;i++)
   printf("%d,%.1f,%c\n",need[i].a,need[i].b,need[i].c) ;
 printf("\n");
 for(i=0;i<N;i++)
   fun(&need[i]);
 printf("\n");
 for(i=0;i<N;i++)
   printf("%d,%.1f,%c\n",need[i].a,need[i].b,need[i].c);
 getch( );
}
void fun(struct message *need1)
  {
     need1->a+=3;
     need1->b--;
     need1->c+=2;
   printf("%d,%.1f,%c\n",need1->a,need1->b,need1->c);
}
```

本程序中 main 函数每循环一次就把数组的第 i 号元素 need[i] 的地址作为实参传递给 fun 函数的形参，在函数中更改形参所指向的各成员的值并输出，循环结束后再在主函数中输出各数组元素的成员的值。

运行结果：

```
2,20.2,A
3,30.2,B
4,40.2,C

5,19.2,C
6,29.2,D
7,39.2,E

5,19.2,C
6,29.2,D
7,39.2,E
```

【想一想】

1. 将指向结构体变量的指针作为函数的参数分析结果产生的原因？
2. 可以把 fun(&need[i]) 改为 fun(need[i]) 吗？

10.2　共用体

10.2.1　共用体的定义

共用体是指把几个不同类型的变量存储在同一个地址开始的内存单元中的一种结构类型，几个变量的存储字节数不同，但可以相互覆盖，需要引用哪个变量就引用哪个变量，几个变量不能同时存在，共同使用一段存储空间，因此被称为共用体也称为共用体或联合体。

1. 共用体类型的声明

```
union〈共用体类型名〉
{ 〈类型标识符〉〈成员名 1〉;
   …
  〈类型标识符〉〈成员名 n〉;
};
```

从外观形式上看，其中“union”是系统指定的关键字，作为共用体的标识符。共用体由用户指定，但遵循标识符的命名规则。类型标识符可以是整型、实型、字符型、数组、指针等类型。成员之间名称不能相同，但类型可以相同。

2. 共用体变量的定义

定义共用体类型的格式是：

(1) 先定义共用体类型再定义变量名，再定义共用体类型变量。

定义共用体变量的格式是：

```
union 〈共用体类型名〉 〈共用体变量名表〉;
```

例如：

```
union  student
  {  char   ch;
     char no;
     int   age;
     float   score;
  };
union  student   stud1,stud2;
```

（2）在定义共用体类型的同时定义共用体变量。

```
union〈共用体类型名〉
  { 〈类型标识符〉〈成员名 1〉;
     …
     〈类型标识符〉〈成员名 n〉;
}〈共用体变量表〉;
```

例如：

```
union student
{  char   ch;
   char no;
   int   age;
   float   score;
} stud1,stud2;
```

（3）共用体类型的存储特点。

从定义形式上来看，它同结构体极为相似。所不同的是共用体结构中的成员不像结构体成员那样按顺序存储，而是叠放在同一个起始地址开始的空间上，如图 10－1 所示。共用体类型的长度（总字节数）为最大成员所占空间的长度。比如，上面的 union data 类型的长度为 4 字节，也就是 float 类型所占的空间长度。这点与结构体不同，因为结构体类型的长度（占内存总字节数）为结构体变量所占内存长度，是各成员占的内存长度之和。每个成员分别占有其自己的内存单元。

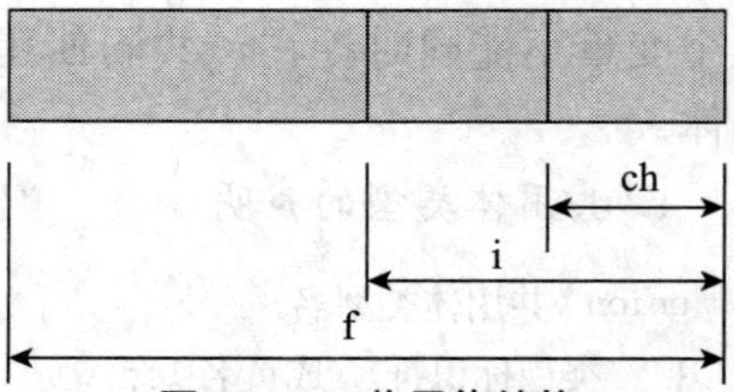

图 10－1　共用体结构

【例 10－11】求共用体变量和共用体各成员的起始地址。

```
#include〈stdio.h〉
union data
  {  int i;
     char ch;
     float f;
  }s1;
  main( )
  {
```

```
printf("%x\n",&s1);
printf("%x\n",&s1.i);
printf("%x\n",&s1.ch);
printf("%x\n",&s1.f);
printf("%d",sizeof(s1));
getch( );
}
```

运行结果：

```
71c
71c
71c
71c
4
```

从运行结果可以看出，共用体变量和各成员分量的起始地址完全一致（不同的机器上的地址结果不一样），也就是说共用体成员的存放是叠加在同一起始地址开始的存储单元中的，是一种彼此覆盖的关系。而且共用体变量所占的字节数为 4，等于成员分量 f 的字节数。也就是说共用体变量所占的字节数取决于最大成员所占的字节数。

10.2.2 共用体变量的使用

1. 共用体变量的引用

成员的引用格式是：

〈共用体变量名〉.〈成员名〉

“.”是成员运算符，表示对共用体变量的哪个成员进行引用，成员运算符的优先级在所有运算中是最高的。

2. 共用体数据的特点

(1) 同一个内存段可以用来存放几种不同类型的成员，但在每一瞬间只能存放其中一种，而不是同时存放几种。

(2) 共用体变量中起作用的成员是最后一次存放的成员，在存入一个新的成员后原有的成员就失去作用，共用体（union）中各变量是互斥的。

例如：

```
#include <stdio.h>
union data
  { int i;
    char ch;
    float f;
  }s1;
  main( )
  {
    s1.i=15;
    s1.ch='A';
```

```
    s1.f=15.0;
    printf("%d\n",s1.i);
    rintf("%c\n",s1.ch);
    rintf("%.2f\n",s1.f);
    getch( );
  }
```

运行结果：

```
0
□□□     /*成员ch是字符型,输出结果是空格,□表示空格*/
15.00
```

从运行结果可以看出：最后引用变量 s1 的值时，只能引用其成员项 f 的值，即最后一个被赋值的成员项。其他成员项的值被覆盖，无法得到其原始值。

注意：

某一时刻只有一个成员分量存在并发挥作用，其他成员分量不存在，共用体变量中起作用的成员是最近一次得到赋值的那个成员。

(3) 共用体变量的地址和它的各成员的地址都是同一地址。如上述成员 &i、&ch、&f 的结果都是同一个地址值。

(4) 不能对共用体变量名赋值，不能引用变量名来得到一个值，也不能在定义共用体变量时对它初始化。

例如：

```
#include <stdio.h>
union data
  {  int i;
     char ch;
     float f;
  }s1={12,'A',15.0};/*不能初始化赋值*/
  main( )
  {
    printf("%d\n",s1.i);
    printf("%c\n",s1.ch);
    printf("%.2f\n",s1.f);
  }
```

运行结果：

错误　第 6 行：初始化程序语法错误

(5) 共用体类型与结构体类型可以相互嵌套，数组也可以作为共用体的成员。

例如：

```
struct udata
{  int i;
   union
      { int   a;
        float b;
        char ch;
   }u;
}x;
```

【例 10 - 12】分析程序的执行结果。

```
#include <stdio.h>
 main( )
{
  union {char i[2];int k;}r;
  r.k = 40;
  printf("r.k = %x\n",&r.k);
  printf("i[0] = %x\n",&r.i[0]);
  printf("i[1] = %x\n",&r.i[1]);
 getch( );
}
```

运行结果：

```
r.k = ffde
i[0] = ffde
i[1] = ffdf
```

从结果可以看出，在共用体变量中，所有成员共用存储空间。因此变量 r 中，两个成员共用 2 字节的存储空间，通常 i[0] 和 i[1] 都占 1 字节，且 i[0] 位于低 8 位占用 1 字节，与成员 k 的低 8 位对齐，而 i[1] 位于高 8 位占用 1 字节，与成员 k 的高 8 位对齐。

【例 10 - 13】分析程序的执行结果。

```
#include <stdio.h>
main( )
{
  union {char i[2];int k;}r;
  r.k = 40;
  printf("r.k = %d\n",r.k);
  printf("i[0] = %d\n",r.i[0]);
  printf("i[1] = %d\n",r.i[1]);
  getch( );
}
```

运行结果：

```
r.k = 40
```

```
i[0] = 40
i[1] = 0
```

从运行结果可以看出，由于 r. k=40 的二进制补码是 0000 0000 0010 1000，根据上例可知的对应关系，说明 i[0] 取低 8 位值，i[1] 取高 8 位值。

【例 10-14】 分析程序的执行结果。

```
#include <stdio.h>
main( )
{
   union {char i[2];int k;}r;
   r.k = 40;
   r.i[0] = 2;
   r.i[1] = 1;
   printf("r.k = %d\n",r.k);
  getch( );
}
```

运行结果：

```
r.k = 258
```

根据上述两例可知，通常 i[0] 和 i[1] 都占 1 字节，且 i[0] 位于低 8 位占用 1 字节，而 i[1] 位于高 8 位占用 1 字节。则通过赋值后分别覆盖各自对应单元中的值。则导致变量 r 的值变为 0000 0001 0000 0010，以十进制形式输出为 258。

10.3 枚举体

枚举是一种数据类型，只不过这种数据类型只包含自定义的特定数据，它是一组有共同特性的数据集合。例如，颜色也可以定义成枚举类型，它可以包含用户定义的任何颜色，使用时只需要通过枚举调用即可。另外，季节（春夏秋冬）、星期（星期一到星期日）等具有共同特征的数据都可以定义枚举。

10.3.1 枚举类型的定义

枚举也属于用户自定义的数据类型，与结构体、共用体的定义结构一致，也需要先定义，再用来定义相应的变量，定义枚举类型的格式是：

```
enum 〈枚举类型名〉
{〈元素 1〉[ = 〈值 1〉 ], …,〈元素名 n〉 [ = 〈值 n〉 ]}〈枚举类型变量列表〉;
```

其中，枚举变量也可以与枚举类型的定义分开，既在定义了枚举类型之后，再定义枚举变量，格式如下：

```
enum 〈枚举类型名〉 〈枚举类型变量列表〉;
```

enum 为系统关键字，元素名称要符合标识符的命名规则。枚举元素表是一个由逗号分隔的一系列标识符，它列出了一个枚举类型变量可以具有的值。例如：

```
enum days {Sunday,Monday,Tuesday,Wednesday,Thursday,Friday,Saturday};
```

定义枚举变量可以先定义枚举类型，再定义枚举变量；在定义枚举类型的同时定义枚举变量；或直接定义枚举变量。例如：

(1) 先定义枚举类型，再定义枚举变量。

```
enum days {Sunday,Monday,Tuesday,Wednesday,Thursday,Friday,Saturday};
enum days workday;
```

(2) 同时定义枚举类型和变量。

```
enum days {Sunday,Monday,Tuesday,Wednesday,Thursday,Friday,Saturday} workday;
```

(3) 直接定义枚举变量。

```
enum {Sunday,Monday,Tuesday,Wednesday,Thursday,Friday,Saturday} workday;
```

说明：

(1) 枚举类型变量只能从所定义的枚举元素中取值，例如，workday 的取值只能是 Sunday，Monday，Tuesday，Wednesday，Thursday，Friday，Saturday 中的一个。

下面赋值语句是合法的：

```
workday = Sunday; workday = Friday;
```

(2) 与其他类型的变量初始化一样，在定义枚举变量时可以进行初始化。例如：

```
enum days workday = Wednesday;workday = Monday;
```

表示定义了枚举变量 workday，同时初始化为 Wednesday。

(3) 枚举元素表中每一个标识符都表示一个整数，从花括号中的第一个标识符开始，如果没有对枚举类型的成员赋值，C 语言会自动把 0，1，2，…，n－1 分别赋值给第 1，第 2，第 3，…第 n 个元素，作为它们的值。各标识符分别代表 0，1，2，3，…例如：

```
enum days {Sunday,Monday,Tuesday,Wednesday,Thursday,Friday,Saturday} workday;
printf("%d,%d", Sunday, Friday);
```

输出结果为：

```
0,5
```

(4) 枚举元素中的元素可以单独赋值，除了该元素值为所赋值之外，它后面的元素值也在该值的基础上依次增加 1，依次类推。注意，只能对枚举元素在定义处赋予整数值。

例如：

```
enum weekday { mon = 1, tue, wed, thu, fri, sat, sun };
```

此时表示 mon 从 1 开始，下面依次为 2，3，…，6，7。

例如：

```
enum color {red = 5, yellow, blue, white = 9, black };
```

表示 red 值为 5，yellow 值为 6，blue 值为 7，而 white 值为 9，black 值为 10。

10.3.2 枚举类型变量的使用

定义了枚举变量后，就可以运用枚举元素对枚举变量赋值，格式如下：

〈枚举类型变量〉=〈枚举元素名〉;

其中，枚举元素名赋给枚举变量，实质是把该元素对应的整数值赋给枚举变量，输出时对应的格式控制字符是“%d”。

如果要用整数赋值，必须在整数之前加上类型转换符进行强制的类型转换，格式如下：

〈枚举类型变量〉=(enum 〈枚举类型名〉)〈整数表达式〉;

例如：

```
enum  week  { sun,mon,tue,wed,thu,fri,sat,sun }day;
day = sun; /* 把第一个元素 sun 赋值给 day */
printf("%d",day); /* 输出 day 的值为 0 */
day = (enumweek)6; /* 类型转换后把元素值为 6 的元素 sat 赋值给 day */
printf("%d",day); /* 输出 day 的值为 6 */
```

【例 10-15】 分析以下程序的运行结果。

```
main( ){
  enum weekday
  { sun,mon,tue,wed,thu,fri,sat } a,b,c;
    a = sun;      b = thu;      c = sat;
    printf("%d,%d,%d",a,b,c);
}
```

【想一想】

1. 程序中的枚举元素是否可以加上单引号或双引号?
2. 枚举元素的值是否可以为负数?

【例 10-16】 分析以下程序。

```
#include <stdio.h>
enum Months{jan=1,feb,mar,apr,may,jun,jul,aug,sep,oct,nov,dec};
int main(void)
  {
  enum Months m;
  int flag=0;
  char *months[]={"January","February","March","April","May","June",
         "July","August","September","October","November","December"};
  for (m=jan;m<=dec;m++)
  { printf ("%-d月份:%-10s ",m,months[m-1]);
    flag++;
    if (flag%4==0)
      {    putchar('\n');   }
    }
  }
```

【想一想】

1. 程序中的 flag 变量起什么作用？

2. 变量 m 的取值运算特点是什么？

【例 10-17】箱子中装有红、黄、蓝、白、黑五种颜色的球若干个。每次从箱子中取出 3 个球，问得到 3 种不同颜色的球的可能取法，并打印出每种组合的 3 种颜色。球有 5 种颜色，每个球的颜色只能是 5 种中的一种，要判断各球是否同色，使用枚举变量完成本题。

分析：设取出的 3 个球分别用 a、b、c 表示为枚举变量，它们的可能取值是：Red、Yellow、Blue、White、Black。当 a！＝b！＝c 时，表示取出了 3 个不同颜色的球。

```
main( )
{  enum color { Red,Yellow,Blue,White,Black}a,b,c;
   char  *name[ ] = {"Red","Yellow","Blue","White","Black" };
   int num = 0;
   for(a = Red;a< = Black;a + + )
     { for(b = Red;b< = Black;b + + )
        if(a! = b)
          { for(c = Red;c< = Black;c + + )
             if(c! = a&&c! = b)
               {  num + + ;
                  printf("\n% - 5d",num);
                  printf(" % - 9s% - 9s% - 9s",name[a],name[b],name[c]);
               }
          }
     }
```

10.4 用户自定义类型

C 语言中，对于系统预先定义好的数据类型，用户只需要根据实际情况进行变量定义或说明即可。用户也可以自己根据需要来定义类型说明符，也就是说允许用户为已经存在的数据类型取“别名”，C 语言引入类型定义符 typedef 来完成此功能。

10.4.1 用户自定义类型的语法格式

用户自定义类型的一般形式：

```
typedef 原类型名  新类型名;
```

其中，typedef 是用户定义类型的关键字或保留字；原类型名是系统提供的已经定义好的标准类型名或构造类型；新类型名是用户自定义的类型名，一般用大写表示，以便于区别。

10.4.2 用户自定义类型的使用

用户自定义类型的功能是将新类型名定义为与原类型名具有相同作用的类型。

例如，有一用户定义类型如下。

```
typedef int INTEGER;
```

即表示将 INTEGER 定义成整数类型 int，定义后 int 和 INTEGER 等价，在程序中就可以用 INTEGER 作为整数类型来定义变量了。

```
INTEGER  x, y, z;
```

相当于

```
int x, y, z;
```

用户自定义类型的种类：基本类型、结构体类型、指针类型、数组类型函数等。

（1）给基本数据类型定义新的类型名。

```
typedef int INTEGER
INTEGER a,b;
```

等效于

```
int a,b;
```

（2）给构造类型定义简洁的类型名。

```
typedef struct stu
    {   char name[20];
        int age;
        char sex;
    } STU;
```

STU 表示 struct stu 的结构类型，然后可用 STU 来定义或说明结构体变量：

```
STU body1,body2;
```

（3）给数组定义简洁的类型名。

```
typedef char  NAME[20];
```

表示 NAME 是字符数组类型，数组长度为 20。然后可用 NAME 说明变量，如：

```
NAME a1,a2,s1,s2;
```

等效于

```
char a1[20],a2[20],s1[20],s2[20]
```

（4）给指针定义简洁的名称。

```
Typedef char * STRING; /* 定义 STRING 为指向字符的指针类型 */
STRING ptr;
STRING str[5];
```

等效于

```
char *ptr, *str[5];
```

（5）给函数定义新的名称。

```
typedef float ( * FUN)( )   /* 定义 FUN 为指向返回 float 型值函数的指针 */
FUN  fptr;
Float ( * fptr)( );
```

说明：

（1）使用 typedef 给已有的数据类型取别名时，一般使用大写字母，以示区别。

（2）typedef 只是为已知的数据类型取一个新的类型名，并不是创建一个新的类型。

（3）typedef 只对已知的数据类型取新的名称，不能针对变量。

（4）typedef 给数据定义新的名称，也是 C 语言具有的移植性特点的一方面。

【例 10 - 18】阅读以下程序，理解自定义类型的作用。

```
#include <stdio.h>
typedef struct {
        int a;
        int b;
}Stu;
Stu * getStu(int x, int y)
{
        Stu * pStu = malloc(sizeof(Stu));
        pStu->a = x;
        pStu->b = y;
        return pStu;
}
int nain( )
{
        int x = 2, y = 3;
        Stu * pStu = getStu(x, y);
        printf("%d %d\n", pStu->a, pStu->b);
        free(pStu);
}
```

10.5　链　表

10.5.1　链表的定义

链表是一种动态存储分配非连续、非顺序存储的数据结构，数据元素的逻辑顺序是通过链表中的指针链接按顺序实现。

链表是由若干个结点连接而成，且每个结点由两部分数据组成：一部分是数据域，用来存放运算的操作数据，可以包括若干不同类型的数据；另一部分是指针域，它是指针类型的数据，用于存放下一个结点的地址。

各个结点可以不连续地存放，但前一个结点需要程序提供下一个结点的地址，才可顺着链表逐一访问各个结点。例如坐公交车，如果乘客能在当前站点时知道下一站点名称，就好确定如何换乘或停坐。

链表中结点的数据类型通常是结构体类型，其中有一个特殊的成员，即指向相同结构体类型数据的指针变量。这个指针成员指向下一个结点，这样才能建立起构成链表的数据结构基础。

链表结点的类型定义格式如下。

```
struct〈结构体类型名〉
{ 〈一般成员列表〉
   struct〈结构体类型名〉*〈指针变量名〉;
};
```

链表的结构如图 10－2 所示。

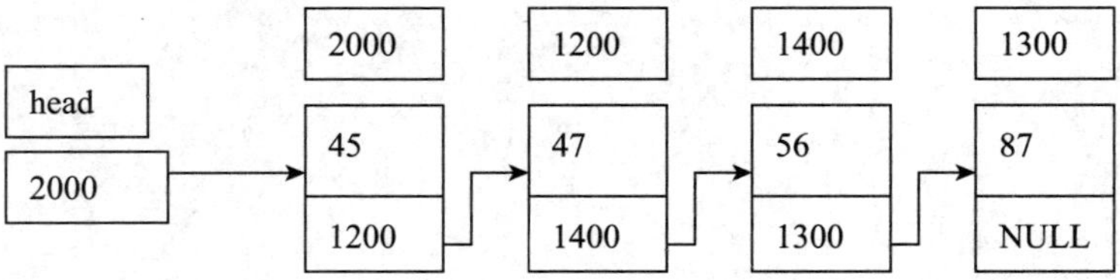

图 10－2　链表的结构

说明：链表有一个特殊的指针“头指针”，头结点 head 指向链表在内存的首地址。链表中的每一个结点的数据类型为结构体类型。结点有两个成员：数据成员（实际需要保存的数据）和指向下一个结点的指针，即下一个结点的地址。按此结构对各结点访问时需从链表的头找起，后续结点的地址由当前结点给出。无论在链表中访问哪一个结点，都需要从链表的头开始，顺序向后查找。链表的尾结点称为“表尾”，表示无后续结点，其指针域为空，写作 NULL。图中还给出这样一层含义，链表中的各结点在内存的存储地址不是连续的，其各结点的地址是在需要时向系统申请分配的，系统根据内存的当前情况，既可以连续分配地址，也可以跳跃式分配地址。

注意：

头结点是指只包含指针域，没有数据域的结点，要区别第一个结点与其他结点。对于链表结点的访问，通常设置有活动指针来完成对结点数据的相关操作。

10.5.2　链表结点的操作

对链表结点的基本操作主要有以下几种。

1. 申请分配存储空间

在生成链表中的结点时，首先需要申请存放结点的内存空间，准备存放结点中各成员的值。

（1）分配内存空间函数 malloc。

调用形式：

```
(类型说明符 * ) malloc (size)
```

功能：在内存的动态存储区中分配一块长度为“size” 字节的连续区域。函数的返回值为该区域的首地址。“类型说明符”表示把该区域用于何种数据类型。(类型说明符 *) 表示把返回值强制转换为该类型指针。“size”是一个无符号数。例如：pc=(char *) malloc (100)；表示分配 100 字节的内存空间，并强制转换为字符数组类型，函数的返回值为指向该字符数组的指针，把该指针赋予指针变量 pc。

(2) 分配内存空间函数 calloc。

calloc 也用于分配内存空间。调用形式：

```
(类型说明符 * )calloc(n,size)
```

功能：在内存动态存储区中分配 n 块长度为“size”字节的连续区域。函数的返回值为该区域的首地址。(类型说明符 *) 用于强制类型转换。calloc 函数与 malloc 函数的区别仅在于一次可以分配 n 块区域。例如：ps=(struet stu *) calloc(2,sizeof (struct stu));，其中的 sizeof(struct stu) 是求 stu 的结构长度。因此该语句的意思是按 stu 的长度分配 2 块连续区域，强制转换为 stu 类型，并把其首地址赋予指针变量 ps。

(3) 释放内存空间函数 free。

调用形式：

```
free(void * ptr);
```

功能：释放 ptr 所指向的一块内存空间，ptr 是一个任意类型的指针变量，它指向被释放区域的首地址。被释放区应是由 malloc 或 calloc 函数所分配的区域。

【例 10-19】分配一块区域，输入一个学生数据。

```
main( )
{
  struct stu
  { int num;
    char * name;
    char sex;
    float score;
  } * ps;
  ps = (struct stu * )malloc(sizeof(struct stu));
  ps->num = 102;
  ps->name = "Zhang ping";
  ps->sex = 'M';
  ps->score = 62.5;
  printf("Number = %d\nName = %s\n",ps->num,ps->name);
  printf("Sex = %c\nScore = %f\n",ps->sex,ps->score);
  free(ps);
}
```

说明：本例中定义了结构体类型，名称为 stu，结构体类型指针变量 ps。然后分配一块 sizeof(struct stu) 字节的内存区，并把首地址赋予 ps，使 ps 指向该区域。再以 ps 为指向结构体的指针变量对各成员赋值，再用 printf 输出各成员值。最后调用 free 函数释放 ps 指向的内存空间。整个程序包含了申请内存空间、使用内存空间、释放内存空间 3 个步骤，从而实现存储空间的动态分配。

2. 赋值

对结点赋值就是对结点中的各个成员赋值，用赋值语句或输入函数进行赋值，赋值的规则与结构体变量赋值相同。引用结点成员的形式：

(＊〈指针变量名〉).〈成员名〉

〈指针变量名〉－＞〈成员名〉

3. 入链

入链就是指把结点连接到链表中，如图 10－3 所示。需要先确定入链结点的插入位置，插入点有一前一后两个结点。方法是借助活动指针，先把后一个结点的地址从前一个结点的结点指针成员中取出，赋值到新结点的结点指针成员，新结点指向后一个结点；然后把新结点的地址赋值给前一个结点的结点指针成员，让前一个结点指向新结点。

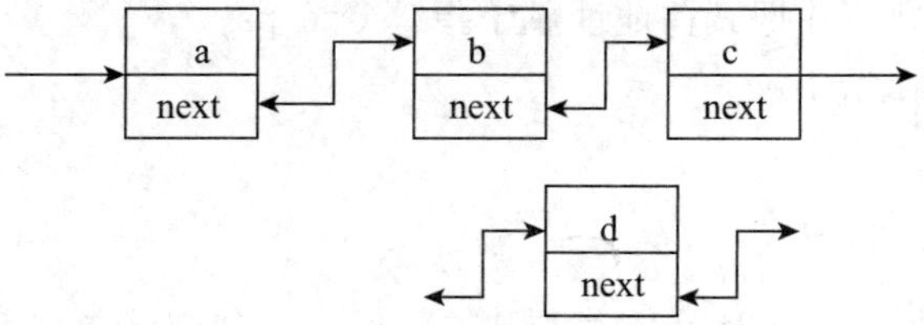

图 10－3　入链

先从 b 结点的指针成员中得到结点 c 的地址，赋值到结点 d 指针成员，再把结点 d 的指针成员赋值给结点 b 的指针成员。入链的结果如图 10－4 所示。

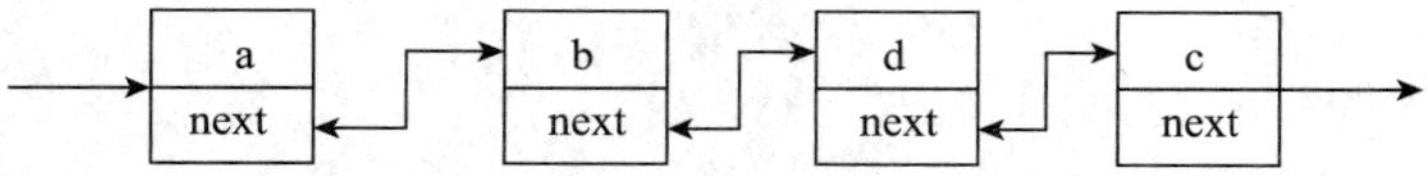

图 10－4　入链的结果

4. 出链

出链就是把某个结点从链表中删除，如图 10－5 所示。方法就是把待删除结点的后一个结点的地址送到前一个结点指针成员中。

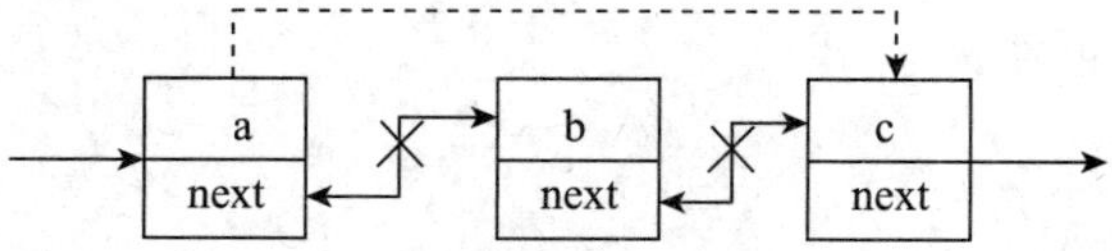

图 10－5　出链

欲删除结点 b，则把结点 b 的指针成员中存放的结点 c 的地址取出，赋值给指向结点 b 的前一个结点 a 的指针成员，则建立起结点 a 和 c 的指向关系。

5. 释放空间

结点从链表中出链后，没有存在的价值，则可以把该结点删除，将删除结点占用的内存空间释放。

10.5.3　链表的操作

链表的操作包括建立链表、增加链表结点、删除链表结点、查找及输出链表结点等。

1. 创建单向链表

(1) 定义链表的数据结构（通常是结构体类型）。

(2) 创建一个空表。

(3) 利用 malloc( ) 函数向系统申请分配一个结点。

(4) 将新结点的指针成员赋值为空。若是空表，将新结点连接到表头；若是非空表，将新结点连接到表尾。

(5) 判断一下是否有后续结点要接入链表，若有则转到 3，否则结束。

【例 10-20】 建立一条单向链表并输出各结点的值，链表除了有一个指针成员之外，只有一个整型成员，数据由用户输入。

采用链首入链的方式的程序代码如下。

```
#include <stdio.h>
#include <malloc.h>
#include <string.h>      /*头文件*/
struct number
{  int n;  struct number *next; }; /*第一步:定义链表的数据结构*/
#define LEN sizeof(struct number)  /*宏定义*/
struct number *creat( )       /*建立链表指针型函数*/
{
  struct number *head, *p;/*定义指向链表的指针变量*/
  int a;char ch;
  head=NULL;/*表示链表为空,即 head 不指向任何结点,链表中无结点,目的是以后每增加一个结点
              就使 head 指向该结点*/
  printf("是否输入结点的数据?(Y/N)");
  while(toupper(ch=getche( ))=='Y')/*循环一次,连接一个结点*/
  {
   p=(struct number *)malloc(LEN);/*分配新结点单元*/
   printf("\n 输入");
   scanf("%d",&p->n);          /* &p->n;表示读入数据给结构体指针 p 所指结构体成员 n 元素的地
                                  址单元中,或者表示输入一个数值给 p 所指结构体变量成员 n 元素. */
   p->next=head;       /*新结点指向原来的首结点,将新结点的指针成员赋值为空*/
   head=p;             /*新结点成为首结点,或者说将新结点连接到表头*/
   printf("是否继续输入结点的数据?(Y/N)");
  }
 return (head);
}
void  print( struct number *head) /*输出每个结点数据*/
{
 struct number *p;
 int i=1;
```

```
 p = head;
while(p! = NULL)
{ printf("\nd 第 % d 个结点中的数据是: % d",i + +,p - >n);
  p = p - >next;
  }
}
main( )
{ struct number * q;
  q = creat( );
  print(q);
}
```

说明：链首入链的方法分两步走，一是先把头指针 head 赋值给新结点的指针成员，让新结点成为第一个结点；再把新结点的地址赋给头指针 head 成为链表的第一个结点。

单向链表的输出只设置一个活动指针，指向第一个结点，并输出结点中的数据，然后往链表尾部移动活动指针，使其指向下一个相邻的结点，再输出其中的数据，以此类推，直到移到链尾结点（其指针域为 NULL）为止。

【想一想】

1. 输出每个结点数据中的循环条件 p! =NULL 是否可以改为 p—>next! =NULL?
2. 输出每个结点数据中的语句 p=p—>next;是否可以用 p++来代替?
3. 试分析结点数据的输出与输入数据有什么不同之处?

采用链尾入链的方式对上述程序的 creat 函数进行修改如下。

```
struct number * creat( )
{
   struct number * head, * p, * rear;
   int count = 0;
   char ch;
   head = NULL;
   rear = NULL;
printf("是否输入结点的数据?(Y/N)");
while(toupper(ch = getche( )) = = 'Y')/ * 循环一次,连接一个结点 * /
{
   p = (struct number * )malloc(LEN);/ * 分配新结点单元 * /
   printf("\n 输入");
   scanf(" % d",&p - >n);
   p - >next = NULL; / * 新结点指向原来的首结点,将新结点的指针成员赋值为空 * /
   if(count = = 0)/ * 设置初值为 0,表示新入链的结点既是首结点又是尾结点 * /
   { head = p;
    rear = p     / * 头指针和尾指针都指向新结点 * /
```

```
    }
else
{ rear->next = p; /* 如果是空表,则把新结点的地址赋给尾结点的指针成员 */
  rear = p;       /* 尾指针都指向新结点 */
}
  count++;        /* count 用于记录链表中结点的个数 */
printf("是否继续输入结点的数据?(Y/N)");
}
 return head;
}
```

说明：链尾入链的方式是将新结点的地址赋值给最后一个结点的指针成员，因此设置一个尾指针 rear 指向链表的最后一个结点，为新结点做准备。将新结点入链后，新结点成为最后一个结点，不断更新尾指针的指向，让 rear 指向新入链的结点。

【想一想】

1. 比较上述两种建立链表的方式各有什么特点？
2. 采用链尾入链的方式对新结点入链时，为什么不需要对头指针进行处理？

【例 10-21】创建一个存放正整数（结点数据输入负数时结束）的单链表，并打印输出。

```
# include 〈stdlib. h〉 /包 * 含 malloc ( ) 的头文件 */
# include 〈stdio. h〉
struct node /* 链表节点的结构 * /
{
  int num; struct node *next;
};
main( )
{
struct node *creat( ); /* 函数声明 */
void print( );
struct node *head; /* 定义头指针 */
head = NULL; / * 建一个空表 * /
head = creat(head); /* 创建单链表 */
print(head); / *打印单链表 */
}
struct node *creat(struct node *head) /* 函数返回的是与结点相同类型的指针 */
{
  struct node *p1, *p2;
  p1 = p2 = (struct node *) malloc(sizeof(struct node)); /* 申请新结点 */
  scanf("%d",&p1->num) ; /* 输入结点的值 */
  p1->next = NULL; /* 将新结点的指针成员置为空 */
```

```
    while(p1->num>0) /* 输入节点的数值大于 0 */
    {
    if (head==NULL) head=p1; /* 空表,接入表头 */
    else p2->next=p1;    * 非空表,接到表尾 * /
    p2=p1 ;
    p1=(struct node *)malloc(sizeof(struct node));/* 申请下一个新节点 */
    scanf("%d",&p1->num); /* 输入结点的值 * /
  }
  return head; /* 返回链表的头指针 * /
  }
  void print(struct node *head) /* 输出以 head 为头的链表各结点的值 */
    {
    struct node *temp;
    temp=head; / * 取得链表的头指针 * /
    while (temp!=NULL) / * 只要是非空表 * /
      {
      printf("%6d",temp->num); / * 输出链表结点的值 * /
      temp=temp->next; / * 跟踪链表增长 * /
      }
  }
```

说明：链表的创建过程中，链表的头指针是非常重要的参数。对链表的输出和查找都要从链表的头开始，所以链表创建成功后，要返回一个链表头结点的地址，即头指针。

运行程序：

```
1 2 3 4 5 6 7    -1(负数作为结束标志)
1 2 3 4 5 6 7
```

【想一想】

1. 思考指针变量 p1，p2 的设置作用是什么？
2. 两条语句 p2->next=p1; p2=p1;的作用是什么？
3. 思考语句 scanf("%d",&p1->num);输入结点的值的格式。

2. 链表的输出

（1）获取链表第一个结点的地址，使头指针指向链表的首地址。

（2）往链尾方向移动活动指针，使其指向下一个相邻的结点，再根据条件输出数据。以此类推，直到移到链表的尾结点。例如：

```
void print(struct node *head) /* 输出以 head 为头的链表各结点的值 */
  {
  struct node *temp;
  temp=head; / * 取得链表的头指针 * /
  while (temp!=NULL) / * 只要是非空表 * /
```

```
    {
    printf("%6d",temp->num); /*输出链表结点的值*/
    temp=temp->next; /*跟踪链表增长*/
    }
}
```

运行结果：

```
1 2 3 4 5 6 7   -1(负数作为结束标志)
1 2 3 4 5 6 7
```

说明：链表的创建过程中，链表的头指针是非常重要的参数。对链表的输出和查找都要从链表的头开始，所以链表创建成功后，要返回一个链表头结点的地址，即头指针。

3. 链表的插入

首先定义链表的结构。

```
struct
{  int num; /*学生学号*/
   char str[20]; /*姓名*/
   struct node *next;};
```

插入结点的步骤如下。

(1) 获得第一个结点的地址。

(2) 找到插入点位置。

(3) 申请新的结点并赋值。

(4) 把当前插入点位置的后一个结点的地址信息赋给新结点的指针成员。

(5) 然后把新结点的地址信息赋给插入点位置前一个结点的指针成员。

在插入结点信息时需要考虑 3 种情形：表头、表中、表尾。

链表表头插入结点 p1 信息，如果链表为空，如图 10-6 所示，则使用语句：

```
head=p1;p1->next=NULL;
```

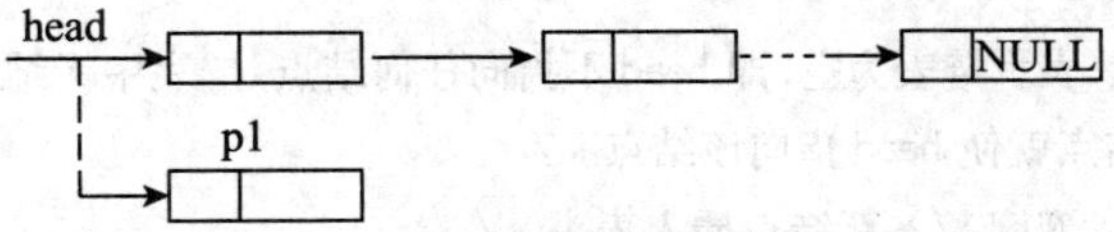

图 10-6 链表表头插入节点 p1 信息

链表中插入结点，先找到符合要求的结点位置，再通过修改插入位置前一个结点的 next 指针，使其指向新结点，再将新结点的 next 指针成员的信息设置为指向下一个结点，如图 10-7 所示。在链表中插入结点 p1 信息，并设置前驱指针 p3，后继指针 p2，则可使用语句：

```
p3->next=p1;p1->next=p2;
```

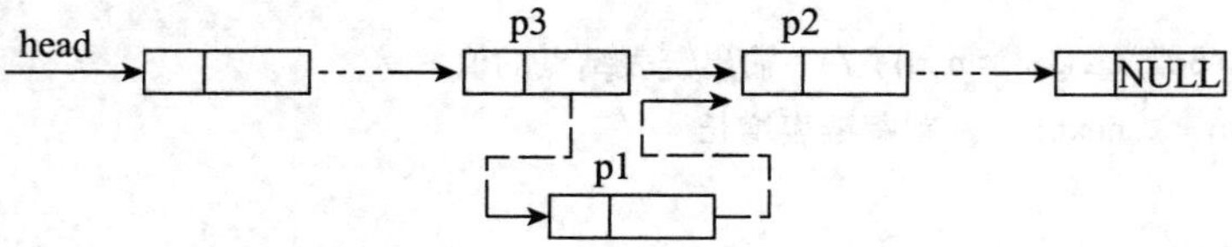

图 10-7　链表中插入结点

链表尾部插入结点 p1 信息，则只需要把新结点的地址信息赋给指向尾结点的指针变量即可，如图 10-8 所示。可使用语句：

```
p2->next = p1;p1->next = NULL;
```

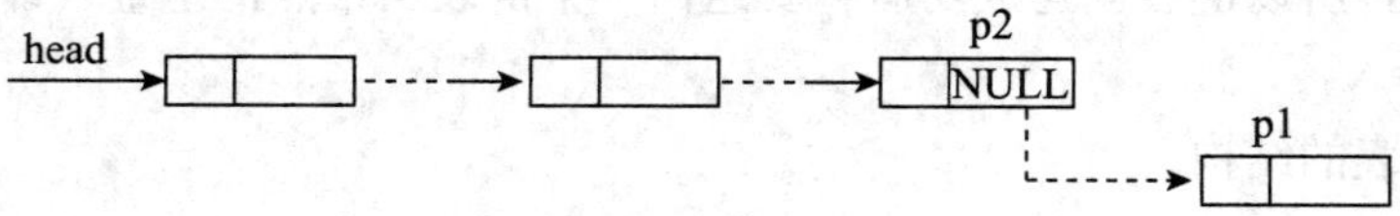

图 10-8　链表尾部插入结点 p1 信息

【例 10-22】假定以学号为顺序建立链表，则插入的结点依次与表中结点相比较，找到插入位置。由于插入的结点可能在链表的头，会改动链表的头指针，所以将插入结点的函数的返回值定义为返回结构体类型的指针。

```
struct node *insert(head,pstr,n) /*插入学号为 n、姓名为 pstr 的结点*/
struct node *head; /*链表的头指针*/
char *pstr;
int n;
{
struct node *p1, *p2, *p3;
p1 = (struct node*)malloc(sizeof(struct node)); /*分配一个新结点*/
strcpy(p1->str,pstr); /* 输入结点的姓名字串*/
p1->num = n; /* 输入学号*/
p2 = head;
if (head = = NULL) /* 表示链表为空,即 head 不指向任何结点,链表中无结点,目的是以后每增加一个
                      结点就使 head 指向该结点*/
head = p1; p1->next = NULL;/*新结点插入表头*/
else
{ /*链表不为空*/
  while(n>p2->num&&p2->next! = NULL)
    /*输入的学号大于结点的学号,并且未到表尾*/
    {
      p3 = p2 ;
      p2 = p2->next; /* 跟踪链表增长*/
    }
  if (n< = p2->num) /*找到插入位置*/
     if (head = = p2) /* 插入位置在表头*/
```

```
        {
          head = p1;
          p1 - >next = p2;
        }
    else
    { /* 插入位置在表中 * /
      p3 - >next = p1;
      p1 - >next = p2;
    }
  else
    { /* 插入位置在表尾 */
      p2 - >next = p1;
      p1 - >next = NULL;
    }
  }
  return(head); / * 返回链表的头指针 * /
  }
```

【想一想】

1. while(n>p2−>num&&p2−>next！=NULL）能否改为：while(n>p2−>num&&p2−>！=NULL)？

2. 程序中为什么要将头指针 head 返回到主函数 main( )？

这是由于一旦新结点要插入到第一结点之前成为首结点，则头指针指向新结点，地址发生变化，就要把变化的地址返回到主调函数中，以便在后续的输出操作中从新的链首结点开始。

【例 10-23】 生成一个结点并输入其成员 n 的值，将其插入链表中第一个值大于新结点 n 值的结点前面。

```
struct number * insert(struct number * head)
{ struct number * p, * q1, * q2;
p = (struct number * )malloc(LEN);
printf("\n 输入");
   scanf(" % d",&p - >n);
q1 = head;
while(q1! = NULL)
{
   if(p - >n>q1 - >n)
      { q2 = q1;q1 = q1 - >next;}
   else
      { p - >next = q1;
         q2 - >next = p;
```

```
        break;
      }
      }
    if(q1 = = NULL)
    { p - >next = NULL;
      q1 - >next = p;或者 q2 - >next - >next = p;
  }
  return (head);
  }
  main( )
  { struct number *q;
    q = creat( );
    print(q);
  q = insert(q);
  print(q);
  }
```

说明：假设链表已经创建，要插入一个新结点，指针 p 指向新结点，对于新结点的成员 n 值，则需要先定位其插入点。操作过程是：首先对链表进行逐结点访问，将每个结点值与 n 进行比较。设置一前一后两个活动指针 q2 和 q1，q2 随 q1 的移动而移动，q1 指向后一个结点，则 q2 指向相邻的前一个结点。

（第一种情形）当 q1 指向结点的 n 值介于 q2 和 q1 所指结点数据之间，则在 q2 和 q1 之间插入指针 p 所指向的新结点的语句为：

```
p - >next = q1;/* 表示让新结点指向后一个结点;表示先断开原有的链接关系. */
q2 - >next = p;/* 表示让前一个结点指向新结点 */
```

（第二种情形）当新结点的数据成员 n 值大于所有结点的数据成员的 n 值，则新结点插入链尾，其操作语句是：

```
p - >next = NULL;/* 表示将新结点的指针域成员置为 NULL; */
q1 - >next = p;或者 q2 - >next - >next = p;/* 让前一个结点指向新结点; */
```

注意：

(1) 插入结点的关键是要找到插入点的位置，一般要设置一个或两个活动指针，把活动指针从头指针开始依次指向各个结点，按插入条件将各结点与新结点进行数据比较，不符合条件就移动指针指向下一个结点，继续比较、定位，直到满足条件找到插入点。然后将插入点前后的两个结点与新结点重新组合，通过修改结点中的指针值完成插入操作。

(2) 理解 q2－＞next－＞next＝p 这种形式的表示含义。

4. 删除结点

删除结点的步骤如下。

（1）获得第一个结点的地址信息。

（2）找到符合要求的待删结点位置。

（3）保存待删结点的指针成员信息，以防误删。

（4）将待删结点的下一个结点的地址信息赋给待删结点的前一个指针成员。

（5）释放待删结点。

说明：为了删除单向链表中某个结点，可设置两个活动指针，从链首到链尾搜索待删结点的前驱结点，然后将此前驱结点的指针域指向待删结点的后续结点，最后释放被删结点所占存储空间。

【例 10 - 24】在链表中搜索成员 n 值最小的结点，将该结点删除。

```
struct number *delete(struct number *head)
{
  struct number *p1, *p2, *q1, *q2;
  p1 = head;
  q1 = head;
  while(q1! = NULL)
   {  if(p1->n>q1->n)
      { p1 = q1;p2 = q2;}
      q2 = q1;
      q1 = q1->next;
   }
   if(p1 = = head)
     head = p1->next;
   else
     p2->next = p1->next;
   return (head);
}
main( )
{ struct number *q;
  q = creat( );
  print(q);
  printf("\n 删除最小的结点后:\n");
  q = delete(q);
  print(q);
}
```

说明：设置了两个活动指针 q1 和 q2，从链首到链尾搜索待删的最小结点，设置 q1 指向待判断的当前结点，q2 指向当前结点的前一个结点，也就是当前结点的地址信息在 q2 的指针成员中。遍历链表找到最小的结点时，则将该结点及前一个结点的地址记录保存到指针变量 p1 和 p2 中。一旦搜索完毕，指针变量 p1 和 p2 则分别指向待删结点和待删结点的前一个结点，这时只要用语句 p2－＞next＝p1－＞next；表示让待删结点的前一个结点指向待删结点的后一个结点即可。

【想一想】

1. 若被删除的结点是第一个结点，需要使用什么语句？
2. 删除结点的操作中，为什么也是将头指针返回到主调函数处？

【例 10-25】 在带头结点的单链表中，删除其第 i 个结点，如果第 i 个结点不存在，则输出信息：删除结点的位置 i 不合法。

```
void  delete_node(struct node  *h,int  i)
{  /*在带头结点的单链表中删除第 i 个结点*/
   struct node  *p, *q;
   int  k=0; p=h;
   while (p!=NULL&&k<i-1)
   {
     p=p->next;  k++;
   }
   if (k!=i-1)
      printf("删除结点的位置 i 不合法");
   else
   {  q=p->next;
      p->next=q->next;
      free(q);
   }
}
```

5. 查找结点

查找结点的步骤如下。

(1) 获得链表第一个结点的地址。

(2) 设一个指针变量，使其指向第一个结点。

(3) 将输入值与当前指针指向的结点的数据比较，不相等就将指针后移一个结点，相等就停止查找，输出该结点的值。

(4) 直到查找到最后一个结点，也就是指针指向链表的尾结点，表示没有找到。

【例 10-26】 以下函数 find 用于在由表头指针 head 指向的链表中查找学号等于输入值的结点。

```
void find(struct student *head)
{ int n;
  struct student *p;
  printf("enter no:");
  scanf("%d",&n);
  p=head;
  while(p!=NULL&&p->no!=n)
      p=p->next;
  if(p!=NULL)printf("%d %d\n",p->no,p->score);
```

```
    else printf("not find %d student\n",n);
}
```

【想一想】

1. 如果没有找到，则输出的查找信息应该是什么？
2. 在链表中查找结点数据常使用顺序查找法的原因是什么？

第 11 章　文　　件

学习目标

1. 理解文件类型指针（FILE 类型指针）的概念。
2. 掌握文件的打开与关闭函数（fopen，fclose）。
3. 掌握文件的读写函数（fgetc，fputc，fgets，fputs，fscanf，fprintf，fread，fwrite）。
4. 掌握文件的定位函数（rewind，fseek）。

11.1　文件概述

11.1.1　文件的存储方式

“文件”是一种有序的数据集合，通常存储在计算机的外部存储介质上。系统和用户都可以将具有一定独立功能的程序段、程序模块、数据等命名存为文件。

从文件编码的方式来看，文件可分为 ASCII 码文件和二进制码文件两种。ASCII 文件也称为文本文件，这种文件在磁盘中存放时每个字符对应 1 字节，用于存放对应的 ASCII 码。例如，数 5678 的存储形式为：

```
ASCII 码:        00110101   00110110   00110111   00111000
十进制码:            5          6          7          8
```

ASCII 码文件可在屏幕上按字符显示，例如源程序文件就是 ASCII 文件，用 BOS 命令 TYPE 可显示文件的内容。由于是按字符显示，因此用户能读懂文件内容。

二进制文件是按二进制的编码方式来存储文件。

例如，数 5678 的存储形式为：

```
00010110  00101110
```

只占 2 字节。二进制文件虽然也可在屏幕上显示，但其内容无法读懂。C 系统在处理文件时，并不区分类型，都当作字符流，按字节进行处理。

11.1.2　文件类型指针概念

系统为文件在内存中自动开辟一个缓冲区来存放文件的信息，C 语言是用一个结构体变量来存放这些信息的，通常由系统定义 FILE 结构体类型。在 Turbo C 的 stdio. h 中是这样定义的：

```
typebe struct
{  short          level;/*缓冲区"空"或者"满"的程序*/
   unsigneb        flags;/*文件状态标志*/
   char            fb;/*文件描述符*/
   shor            bsize;/*缓冲区的大小*/
   unsigneb char  holb;/*若没有缓冲区不读取字符*/
   unsigneb char  *buffer;/*缓冲区的位置*/
   unsigneb char  *curp;/*当前的指针的指向*/
   unsigneb        istemp;/*临时文件,指示器*/
   shor            token;/*用作有效性检查*/
}FILE;
```

现有如下定义：

```
FILE *fp;
```

定义了文件类型指针变量 fp 是指向文件的指针变量。通过 fp 就可以访问文件了。有了文件指针以后，对文件的操作（读、写和打开、关闭等）都使用指针，而不使用文件名。

11.2 文件的打开与关闭

文件在进行读写操作之前要先打开，使用完毕要关闭。所谓打开文件，实际上是建立文件的各种有关信息，并使文件指针指向该文件，以便进行其他操作。关闭文件则断开指针与文件之间的联系，也就是禁止再对该文件进行操作。

11.2.1 打开文件函数 fopen

fopen 函数是打开一个文件，一般格式是：

```
文件指针名=fopen(文件名,打开方式);
```

该函数返回一个指向 FILE 类型的指针，如果运行成功，返回文件的地址，否则返回 NULL。

其中："文件指针名"必须是被说明为 FILE 类型的指针变量；"文件名"是被打开文件的文件名；"打开方式"是指文件的类型和操作要求。

说明：注意检测 fopen 函数的返回值，防止打开文件失败后，继续对文件进行读写而出现严重错误。如：

```
if((fp=fopen("test.txt","w")= =NULL)
{  出错处理
}
```

文件的打开方式有如下几种模式。

（1）只读模式：只能从文件读取数据，要求文件本身已经存在。如果不存在，则 fopen 的返回值是 NULL，打开失败。有"r"和"rb"两种方式。

（2）只写模式：只能向文件写数据。如果文件存在，则删除文件的全部内容，准备写入新的数据，如果文件不存在，则建立一个以当前文件名命名的文件。有“w”和“wb”两种方式。

（3）追加模式：一种特殊写模式。如果文件存在，则准备从文件的末端写入新的数据，文件原有的数据保持不变。如果文件不存在，则会出错。有“a”和“ab”两种方式。

（4）读写模式：可以向文件写数据，也可以从文件读取数据。“r＋”和“rb＋”要求文件存在，如果不存在则打开失败。“w＋”和“wb＋”要求如果文件已经存在，则删除当前内容，再进行读写操作；如果文件不存在，则新建文件，再开始进行读写操作。“a”和“ab”要求如果文件已经存在，则从当前文件末端进行读写操作；如果文件不存在，则出错。

文本打开方式见表 11－1。

表 11－1　文本打开方式

文本打开方式	文本组合形式	文本存储方式	说明
r 或 rt	文本	只读	打开一个文本文件只读
w 或 wt	文本	只写	打开一个文本文件只写
a 或 at	文本	追加	打开一个文本文件追加
rb	二进制	只读	打开一个二进制文件只读
wb	二进制	只写	打开一个二进制文件只写
ab	二进制	追加	打开一个二进制文件追加
r＋	文本	读/写	打开一个文本文件读/写
w＋	文本	读/写	打开一个文本文件读/写
a＋	文本	读/写	打开一个文本文件读/写
rb＋	二进制	读/写	打开一个二进制文件读/写
wb＋	二进制	读/写	打开一个二进制文件读/写
ab＋	二进制	读/写	打开一个二进制文件读/写
rt＋	文本	读/写	打开一个文本文件读/写
wt＋	文本	读/写	打开一个文本文件读/写
at＋	文本	读/写	打开一个文本文件读/写

对于文件打开方式还有以下几点说明。

（1）文件打开模式参数为字符串，不是字符。

（2）打开一个文本文件读入内存时，要将 ASCII 码转换成二进制码，而把文本以文本方式写入磁盘时，也要把二进制码转换成 ASCII 码，因此文本文件的读写要花费较多的转换时间。对二进制文本的读写不存在这种转换。

（3）标准输入文本（键盘），标准输出文本（显示器），标准出错输出（出错信息）是由系统打开的，可直接使用。

（4）对不同的操作系统或者不同的 C 语言编译器，文本打开模式参数可能不同。

11.2.2　关闭文件函数 fclose

fclose 函数用来关闭一个由 fopen 函数打开的流文件，把缓冲区里的内容传给文件。因此必须在程序结束前关闭文件，否则会发生数据丢失、文件损坏及其他错误。调用方式是：

```
int fclose(EILE * fp);
```

该函数返回一个整型值，如果文件关闭成功，则返回值等于0，否则表示出错。

【例11-1】打开一个C盘test目录下的文本文件readme.txt，读取其中的内容，然后关闭。

```
#include <stdio.h>
void main( )
{
  FILE * fp
  fp = fopen("c:\\test\\readme.txt","rt");
  fclose(fp);
}
```

这里值得注意的是，表示文件目录的反斜杠"\"，应该使用转义字符"\\"来表示。

11.3 文件的读写

11.3.1 字符的读写

字符读写函数是以字符（字节）为单位的读写函数。每次可从文件读出或向文件写入一个字符。

1. 读字符函数fgetc

fgetc函数的功能是从指定的文件中读一个字符。函数原型为：

```
int fgetc(FILE * stream);
```

该函数返回读出的字符。如果读到文件尾，返回EOF。函数调用的形式为：

```
字符变量 = fgetc(文件指针);
```

例如：

```
ch = fgetc(fp);
```

其意义是从打开的文件fp中读取一个字符并送入ch中。对于fgetc函数的使用有以下几点说明。

（1）在fgetc函数调用中，读取的文件必须是以读或读写方式打开的。

（2）读取字符的结果可以不向字符变量赋值。

（3）在文件内部有一个位置指针。用来指向文件的当前读写字节。在文件打开时，该指针总是指向文件的第一个字节。使用fgetc函数后，该位置指针将向后移动1字节。因此可连续多次使用fgetc函数，读取多个字符。应注意文件指针和文件内部的位置指针不是一回事。文件指针是指向整个文件的，须在程序中定义说明，只要不重新赋值，文件指针的值是不变的。文件内部的位置指针用于指示文件内部的当前读写位置，每次读写该指针均向后移动，它不需要在程序中定义说明，而是由系统自动设置。

【例11-2】打开C盘根目录下的文件c1.txt，读取文件的内容，在屏幕上输出。

```
#include <stdio.h>
```

```
main( )
{  FILE *fp;
   char ch;
   fp=fopen("f://vc//c1.txt","rt");
   if(fp==NULL)
   {  printf("Cannot open file!\n");
      exit(1);
   }
   ch=fgetc(fp);
   while(ch!=EOF)
   {  putchar(ch);
      ch=fgetc(fp);
   }
     fclose(fp);
}
```

本例程序的功能是从文件中逐个读取字符，在屏幕上显示。程序定义了文件指针 fp，以读文本文件方式打开文件“f：\\vc\\ c1. txt”，并使 fp 指向该文件。如打开文件出错，给出提示并退出程序。程序第 10 行先读出一个字符，然后进入循环，只要读出的字符不是文件结束标志就把该字符显示在屏幕上，再读入下一字符。每读一次，文件内部的位置指针向后移动一个字符，文件结束时，该指针指向 EOF。执行本程序将显示整个文件内容。

【想一想】

1. 若在文件中放入转义字符，将怎样显示？
2. 若要统计文件中字符的个数，程序应怎样改写？
3. 程序是怎样判断文件已读到最后的？

2. 写字符函数 fputc

fputc 函数的功能是把一个字符写入指定的文件中。函数原型为：

```
int fputc(int c,FILE *fp);
```

如果函数操作成功，则返回写入的字符。如果失败返回 EOF。该函数的调用形式为：

```
fputc(字符量,文件指针);
```

其中，待写入的字符量可以是字符常量或变量。例如：

```
fputc('a',fp);
```

其意义是把字符 a 写入 fp 所指向的文件中。

【例 11-3】从键盘输入一行字符，写入一个文件，再把该文件内容读出显示在屏幕上。

```
#include <stdio.h>
main( )
{  FILE *fp; char ch;
```

```
    fp = fopen("f://vc//c1.txt","wt + ");
    if(fp = = NULL)
    {  printf("Cannot open file strike any key exit!");
       exit(1);
    }
    printf("input a string:\n");
    ch = getchar( );
    while (ch! = '\n')
    { fputc(ch,fp);
      ch = getchar( );
    }
    rewind(fp);
    ch = fgetc(fp);
    while(ch! = EOF)
    {
      putchar(ch);
      ch = fgetc(fp);
    }
    printf("\n");
    fclose(fp);
}
```

程序中第 4 行以读写文本文件方式打开文件 c1。程序第 10 行从键盘读入一个字符后进入循环，当读入字符不为回车符时，则把该字符写入文件之中，然后继续从键盘读入下一字符。每输入一个字符，文件内部位置指针向后移动 1 字节。写入完毕，该指针已指向文件末尾。如要把文件从头读出，须把指针移向文件头，程序中 rewind 函数用于把 fp 所指文件的内部位置指针移到文件头。第 16 至 21 行用于读出文件中的内容。

【想一想】

1. 从键盘中输入结束的标志是什么，哪条语句体现？从文件读数据结束的标志是什么，哪条语句体现？

2. 为什么要加语句“rewind(fp);”，其作用是什么？

3. 若把打开方式改为“r+”，将会出现什么问题？

说明：

（1）被写入的文件可以用写、读写、追加方式打开，用写或读写方式打开一个已存在的文件时将清除原有的文件内容，写入字符从文件首开始。如需保留原有文件内容，希望写入的字符以文件末开始存放，必须以追加方式打开文件。被写入的文件若不存在，则创建该文件。

（2）每写入一个字符，文件内部位置指针向后移动 1 字节。

（3）fputc 函数有一个返回值，如写入成功则返回写入的字符，否则返回一个 EOF。可据此来判断写入是否成功。

（4）feof 函数调用形式：

```
feof(fp);
```

当遇到文件尾时，该函数返回一个非 0 的整数。其他情况返回 0。

11.3.2 字符串的读写

1. 读字符串函数 fgets

fgets 函数用来从已经由 fopen 打开的文件中读取字符串。函数原型为：

```
char  *fgets(char *s,int n,FILE *stream);
```

char *s：有效内在地址，用于存储从文件中读出来的字符串。

int n：要从文件中读取字符的个数。实质上，从文件中读取 n－1 个字符到当前的字符串中，然后自动添加字符串结束符'\0'。但是如果此文件中某一行长度小于 n，则到此行的换行符为止，并将此换行符读取到字符串中。

FILE *stream：文件地址。

如果函数运行成功，则返回 s 的值；否则返回 NULL。

函数调用形式为：

```
fgets(字符数组名,n,文件指针);
```

fgets 函数从文件中读字符串到字符数组中，直至读到换行符或第 n－1 个字符为止。然后在该字符串最后加上一个字符串结束标记'\0'，所以共得到的字符串一共有 n 个字符。

2. 写字符串函数 fputs

fputs 函数的功能是向指定的文件写入一个字符串。其函数原型为：

```
int fputs (const char *s,FILE *stream);
```

const char *s：有效的字符串的首地址。即保存待写入字符串的首地址。

FILE *stream：文件地址。

如果函数运行成功，则返回 0；否则返回 EOF。

函数调用形式为：

```
fputs(字符串,文件指针);
```

其中字符串可以是字符串常量，也可以是字符数组名，或是指针变量。功能是把字符串写入文件指针所指文件之中。

【例 11-4】 打开 C 盘 test 目录下的学生学号文本文件 student.txt，学号是 8 位的字符。将其中的内容复制到同一个目录下的文件 out.txt 中。

```
#include <stdio.h>
#define  LEN 9
main( )
{  FILE *fp1, *fp2;
   char str[LEN];
   fp1 = fopen("C:\\test\\student.txt","rt");
```

```
  if(fp1 = = NULL)
  {   printff("File open for reading error!");
      exit(0);
  }
  fp2 = fopen("C:\\test\\out.txt","wt");
  if(fp2 = = NULL)
  {   printf("File open for writing error!");
     exit(0);
  }
  while(fgets(str,LEN,fp1))
  {  puts(str);
     fputs(str,fp2);
  }
  fclose(fp1);
  fclose(fp2);
}
```

在该例中，首先将 student. txt 文件以读的方式打开，将 out. txt 文件以写的方式打开，然后在 while 循环中每次从 student. txt 中读取 LEN－1 字符 8 位学号，并写入 out. txt 中，从而实现文件的复制。

11.3.3 格式化读写

fscanf 函数和 fprintf 函数与前面使用的 scanf 和 printf 函数的功能相似，都是格式化读写函数。两者的区别在于 fscanf 函数和 fprintf 函数的读写对象不是键盘和显示器，而是磁盘文件。

这两个函数的调用格式为：

```
fscanf(文件指针,格式字符串,输入表列);
fprintf(文件指针,格式字符串,输出表列);
```

（1） scanf("%d",&d);的作用是从键盘中读取一个整型数据到变量 d 中。

（2） fscafn(stream,"%d",&d);的作用是从当前打开的文件中读取一个整型数据到变量 d 中。

（3） printf("%d",d);的作用是把整型数据输出到屏幕上。

（4） fprintf(stream,"%d",d);的作用是把整型数据写入当前打开的文件中。

【例 11－5】 打开 C 盘 test 目录下的学生成绩文本文件 score. txt，共有 50 个学生的数据，分别是 8 位学号、英语成绩、数学成绩。现将每一个学生的总成绩计算出来，并把学号和总成绩写入同一个目录下的文件 total. txt 中。

score. txt 文件格式如下。

```
40221101 90.5 89
40221102 92.5 89.5
40221103 91.5 90
……
```

```
#include <stdio.h>
#define COUNT 50
struct student
{   char suno[8];
    floatEnglish;
    float math;
    floattotal;
};
main( )
{   FILE *fp1, *fp2;
    struct student stu;
    int i;
    fp1 = fopen("c:\\test\\score.txt","r");
    if(fp1 == NULL)
    {   printf("File open for reading error! ");
        exit(0);
    }
    fp2 = fopen("c:\\test\\total.txt","w");
    if(fp2 == NULL)
    {   printf("File open for writing error! ");
        exit(0);
    }
    for(i = 1;i<= COUNT;i++)
    {   fscanf(fp1," %s%f%f",stu.stuno,&stu.english,&stu.math);
        stu.total = stu.english + stu.math;
        fprintf(fp2," %s      %8.2f\n",stu.stuno,stu.total);
    }
    fclose(fp1);
    fclose(fp2);
}
```

尽管使用 fscanf 和 fprintf 函数可以非常方便地对磁盘文件进行读写，但是由于在输入数据时，计算机将文本形式转化为二进制形式，而在输出数据时又要将二进制形式转化为文本形式，这样所花费的时间就比较多。所以，当处理数据时需要通过磁盘和内存进行数据交换的时候，建议不要使用 fscanf 和 fprintf 函数，常用下面将要讲到的 fread 和 fwrite 函数。

11.3.4 块的读写

C 语言还提供了用于整块数据的读写的函数 fread( ) 与 fwrite( )。可用来读写一组数据，如一个数组元素，一个结构变量的值等。其函数原型为：

```
size_t fread(void *ptr,sixe_t size,size_t n,FILE *stream);
size_t fwrite( const void *ptr,sixe_t size,size_t n,FILE *stream);
```

其中 size _ t 在 〈stdio. h〉 中的定义为：

```
typedef unsigned size_t;
```

函数的形式参数如下。

void * ptr：数据在内存中的首地址。可以为任意类型的指针变量。在 fread 函数中此参数为输出参数，必须输入有效的内存地址，并有足够的内存空间；在 fwrite 函数中，其为输入参数，仅仅要求输入有效的内存地址。

size_t size：块数据的大小，以字节为单位。

size_t n：块数据的数量，以字节为单位。

FILE * stream：已经打开文件的地址。

如果函数运行成功，则返回块数据的大小，否则返回 0。

读写数据块函数调用形式为：

```
fread(buffer, size, count, fp);
fwrite(buffer, size, count, fp);
```

其中：buffer 是一个指针，在 fread 函数中，它表示存放输入数据的首地址。在 fwrite 函数中，它表示存放输出数据的首地址。size 表示数据块的字节数。count 表示要读写的数据块块数。fp 表示文件地址。

【例 11-6】 从键盘读取 10 个整型数据存储到文件中，然后再从文件中读取数据，并输出到屏幕。

```
#include <stdio.h>
main( )
{  FILE *fp;
   int x[10], i;
   if((fp = fopen("file.dat", "wb+")) == NULL)
   {  printf("Open file failed!\n");
      exit(0);
   }
   printf("input 10 numbers:\n");
   for(i = 0; i<10; i++)
     scanf("%d", &x[i]);
   fwrite(x, sizeof(int), 10, fp);
   rewind(fp);       /*把文件读写指针移到文件开始处*/
for(i = 0; i<10; i++)
     x[i] = 0;
   printf("Output 10 numbers:\n");
   for(i = 0; i<10; i++)
   {  fread(&x[i], sizeof(int), 1, fp);
      printf("%d  ", x[i]);
   }
   fclose(fp);
}
```

【想一想】

1. 程序执行完后用记事本打开文件 file.dat，能查看文件中的内容吗？把打开方式改为“w+”方式后情况又将怎样？

2. 语句 fread(&x[i], sizeof(int), 1, fp); 可改为 fread(x[i], sizeof(int), 1, fp); 吗？为什么？

11.3.5 文件定位函数

移动文件内部位置指针的函数主要有两个，即 rewind 函数和 fseek 函数。

1. rewind 函数

rewind 函数将文件指针重新指向文件的开头，并清除文件结束标志和出错标志。调用形式为：

```
rewind(文件指针);
```

2. fseek 函数

fseek 函数是最重要的文件定位函数之一，用来移动文件内部位置指针，函数原型如下：

```
int  fseek(FILE * stream, long offset, int whence);
```

FILE * stream——文件指针。

long offse——文件指针位移量。

int whence——位移起始点。

返回值非零表示成功，0 表示失败。

fseek 函数调用形式为：

```
fseek(文件指针,位移量,起始点);
```

其中：“文件指针”指向被移动的文件。“位移量”表示移动的字节数，要求位移量是 long 型数据，以便在文件长度大于 64KB 时不会出错。当用常量表示位移量时，要求加后缀“L”。文件偏移量的计算单位为字节，文件偏移量可为负值，表示从当前位置向反方向偏移。“起始点”表示从何处开始计算位移量，规定的起始点有 3 种：文件首、当前位置和文件尾。

其表示方法如表 11－2 所示。

表 11－2　文件指针的三种表示方法

起始点	表示符号	数字表示
文件首	SEEK_SET	0
当前位置	SEEK_CUR	1
文件末尾	SEEK_END	2

例如：

```
fseek(fp, 100L, 0);
```

其意义是把位置指针移到离文件首 100 字节处。

将文件指针移动到文件开始位置的程序如下。

```
FILE *fp;
fseek(fp,0L,SEEK_SET);
```

将文件指针移到文件末尾位置的程序如下。

```
fseek(fp,0L,SEEK_END);
```

附　　录

附录 A　常用字符与 ASCII 代码对照表

ASCII 值	字符	控制字符	ASCII 值	字符	ASCII 值	字符	ASCII 值	字符	ASCII 值	字符	ASCII 值	字符	ASCII 值	字符	ASCII 值	字符
0	null	NUL	32	(space)	64	@	96	’	128	Ç	160	á	192	└	224	α
1	☺	SOH	33	!	65	A	97	a	129	Ü	161	í	193	┴	225	β
2	☻	STX	34	"	66	B	98	b	130	é	162	ó	194	┬	226	Γ
3	♥	ETX	35	#	67	C	99	c	131	â	163	ú	195	├	227	π
4	◆	EOT	36	$	68	D	100	d	132	ā	164	ñ	196	─	228	Σ
5	♣	END	37	%	69	E	101	e	133	à	165	Ñ	197	†	229	σ
6	♠	ACK	38	&	70	F	102	f	134	å	166	a̲	198	╞	230	μ
7	beep	BEL	39	′	71	G	103	g	135	ç	167	o̲	199	╟	231	τ
8	backspace	BS	40	(	72	H	104	h	136	ê	168	¿	200	╚	232	Φ
9	tab	HT	41	)	73	I	105	i	137	ë	169	┌	201	╔	233	θ
10	换行	LF	42	*	74	J	106	j	138	è	170	┐	202	╩	234	Ω
11	♂	VT	43	+	75	K	107	k	139	ï	171	½	203	╦	235	δ
12	♀	FF	44	,	76	L	108	l	140	î	172	¼	204	╠	236	∞
13	回车	CR	45	—	77	M	109	m	141	ì	173	¡	205	═	237	ø
14	♫	SO	46	.	78	N	110	n	142	Ä	174	«	206	╬	238	ε
15	☼	SI	47	/	79	O	111	o	143	Å	175	»	207	╧	239	∩
16	▶	DLE	48	0	80	P	112	p	144	É	176	░	208	╨	240	≡
17	◀	DC1	49	1	81	Q	113	q	145	æ	177	▒	209	╤	241	±
18	↕	DC2	50	2	82	R	114	r	146	Æ	178	▓	210	╥	242	⩾
19	!!	DC3	51	3	83	S	115	s	147	ô	179	│	211	╙	243	⩽
20	¶	DC4	52	4	84	T	116	t	148	ö	180	┤	212	╘	244	⌠
21	§	NAK	53	5	85	U	117	u	149	ò	181	╡	213	╒	245	⌡
22	■	SYN	54	6	86	V	118	v	150	û	182	╢	214	╓	246	÷
23	↨	ETB	55	7	87	W	119	w	151	ù	183	╖	215	╫	247	≈
24	↑	CAN	56	8	88	X	120	x	152	ÿ	184	╕	216	╪	248	°
25	↓	EM	57	9	89	Y	121	y	153	ö	185	╣	217	┘	249	•

续表

ASCII 值	字符	控制字符	ASCII 值	字符	ASCII 值	字符	ASCII 值	字符	ASCII 值	字符	ASCII 值	字符	ASCII 值	字符	ASCII 值	字符
26	→	SUB	58	:	90	Z	122	z	154	Ü	186	‖	218	┌	250	.
27	←	ESC	59	;	91	[	123	{	155	¢	187	╗	219	█	251	√
28	└	FS	60	<	92	\	124	¦	156	£	188	╝	220	▄	252	^{n}
29	↔	GS	61	=	93	]	125	}	157	¥	189	╜	221	▌	253	^{2}
30	▲	RS	62	>	94	^	126	~	158	Pt	190	┘	222	▐	254	▌
31	▼	US	63	?	95	_	127	⌂	159	*f*	191	┐	223	▀	255	

附录 B　C 语言中的关键字

auto	声明自动变量	int	声明整型变量或函数
break	跳出当前循环	long	声明长整型变量或函数返回值类型
case	开关语句分支	register	声明寄存器变量
char	声明字符型变量或函数返回值类型	return	子程序返回语句（可以带参数，也可不带参数）
const	声明只读变量	short	声明短整型变量或函数
continue	结束当前循环，开始下一轮循环	signed	声明有符号类型变量或函数
default	开关语句中的“其他”分支	sizeof	计算数据类型或变量长度（即所占字节数）
do	循环语句的循环体	static	声明静态变量
double	声明双精度浮点型变量或函数返回值类型	void	声明函数无返回值或无参数，声明无类型指针
else	条件语句否定分支（与 if 连用）	switch	用于开关语句
enum	声明枚举类型	typedef	用以给数据类型取别名
extern	声明变量或函数是在其他文件或本文件的其他位置定义	unsigned	声明无符号类型变量或函数
float	声明浮点型变量或函数返回值类型	union	声明共用体类型
for	一种循环语句	struct	声明结构体类型
goto	无条件跳转语句	volatile	说明变量在程序执行中可被隐含地改变
if	条件语句	while	循环语句的循环条件

附录 C　运算符优先级与结合性

优先级	运算符	含义	使用形式	运算类型	结合性
1	( ) [ ] -> .	圆括号 下标运算符 指向结构体成员运算符 结构体成员运算符	(表达式)/函数名(形参表) 数组名[常量表达式] 对象指针->成员名 对象．成员名	单目	自左向右

续表

优先级	运算符	含义	使用形式	运算类型	结合性
2	！ ～ ＋＋ －－ （类型） ＋ － * & sizeof	逻辑非运算符 按位取反运算符 自增运算符 自减运算符 强制类型转换 正号运算符 负号运算符 指针运算符 地址运算符 长度运算符	！表达式 ～表达式 ＋＋变量名/变量名＋＋ －－变量名/变量名－－ （数据类型）表达式 ＋表达式 －表达式 *指针变量 & 变量名 sizeof（表达式）	单目	自右向左
3	* / ％	乘 除 求余	表达式*表达式 表达式/表达式 整型表达式％整型表达式	双目	自左向右
4	＋ －	加运算符 减运算符	表达式＋表达式 表达式－表达式	双目	自左向右
5	＜＜ ＞＞	左移运算符 右移运算符	变量＜＜表达式 变量＞＞表达式	双目	自左向右
6	＜ ＜＝ ＞ ＞＝	小于 小于等于 大于 大于等于	表达式＜表达式 表达式＜＝表达式 表达式＞表达式 表达式＞＝表达式	关系	自左向右
7	＝＝ ！＝	等于 不等于	表达式＝＝表达式 表达式！＝表达式	关系	自左向右
8	&	按位与运算符	表达式 & 表达式	位运算	自左向右
9	^	按位异或运算符	表达式^表达式	位运算	自左向右
10	|	按位或运算符	表达式 | 表达式	位运算	自左向右
11	&&	逻辑与运算符	表达式 && 表达式	位运算	自左向右
12	||	逻辑或运算符	表达式||表达式	位运算	自左向右
13	？：	条件运算符	表达式 1？表达式 2：表达式 3	三目	自右向左
14	＝ ＋＝ －＝ *＝ /＝ ％＝ ＜＜＝ ＞＞＝ &＝ ^＝ |＝	赋值运算符 加后赋值 减后赋值 乘后赋值 除后赋值 求余后赋值 左移后赋值 右移后赋值 按位与后赋值 按位异后赋值 按位或后赋值	变量＝表达式 变量＋＝表达式 变量－＝表达式 变量*＝表达式 变量/＝表达式 变量％＝表达式 变量＜＜＝表达式 变量＞＞＝表达式 变量 &＝表达式 变量^＝表达式 变量 |＝表达式	双目	自右向左
15	，	逗号运算	表达式，表达式，…		从左向右

附录D　C语言常用库函数

库函数并不是C语言的一部分，它是由编译程序根据一般用户的需要编制并供用户使用的一组程序。每一种C编译系统都提供了一批库函数，不同的编译系统所提供的库函数的数目和函数名以及函数功能是不完全相同的。ANSIC标准提出了一批建议提供的标准库函数。它包括目前多数C编译系统所提供的库函数，但也有一些是某些C编译系统未曾实现的。考虑到通用性，本书列出Turbo C 2.0版提供的部分常用库函数。

由于Turbo C库函数的种类和数目很多（例如：还有屏幕和图形函数、时间日期函数、与本系统有关的函数等，每一类函数又包括各种功能的函数），限于篇幅，本附录不能全部介绍，只从教学需要的角度列出最基本的。更多的函数请查阅有关的Turbo C库函数手册。

1. 数学函数

使用数学函数时，应该在源文件中使用命令：

```
#include "math.h"
```

函数名	函数原型	功能	返回值
abs	int abs（int num）；	计算整数num的绝对值	计算结果
acos	double acos（double x）；	计算 $\cos^{-1}(x)$ 的值 $-1<=x<=1$	计算结果
asin	double asin（double x）；	计算 $\sin^{-1}(x)$ 的值 $-1<=x<=1$	计算结果
atan	double atan(double x)；	计算 $\tan^{-1}(x)$ 的值	计算结果
atan2	double atan2(double x，y)；	计算 $\tan^{-1}(x/y)$ 的值	计算结果
cos	double cos(double x)；	计算cos(x)的值 x的单位为弧度	计算结果
cosh	double cosh(double x)；	计算x的双曲余弦cosh(x)的值	计算结果
exp	double exp(double x)；	求 e^x 的值	计算结果
fabs	double fabs(double x)；	求x的绝对值	计算结果
floor	double floor(double x)；	求出不大于x的最大整数	该整数的双精度实数
fmod	double fmod(double x，y)；	求整除x/y的余数	返回余数的双精度实数
frexp	double frexp(double val，int * eptr)；	把双精度数val分解成数字部分（尾数）和以2为底的指数，即val＝x＊2n，n存放在eptr指向的变量中	数字部分x $0.5<=x<1$
log	double log(double x)；	求logex即lnx	计算结果
log10	double log10(double x)；	求 $\log_{10}x$	计算结果
modf	double modf(double val int * iptr)；	把双精度数val分解成数字部分和小数部分，把整数部分存放在ptr指向的变量中	val的小数部分

续表

函数名	函数原型	功能	返回值
pow	double pow(double x，y)；	求 x^y 的值	计算结果
sin	double sin(double x)；	求 sin(x) 的值 x的单位为弧度	计算结果
sinh	double sinh(double x)；	计算 x 的双曲正弦函数 sinh(x) 的值	计算结果
sqrt	double sqrt(double x)；	计算$\sqrt{x}$，x≧0	计算结果
tan	double tan(double x)；	计算 tan(x) 的值 x的单位为弧度	计算结果
tanh	double tanh(double x)；	计算 x 的双曲正切函数 tanh(x) 的值	计算结果

2. 字符函数

在使用字符函数时，应该在源文件中使用命令：

```
#include "ctype.h"
```

函数名	函数原型	功能	返回值
isalnum	int isalnum(int ch)；	检查 ch 是否是字母或数字	是字母或数字返回 1；否则返回 0
isalpha	int isalpha(int ch)；	检查 ch 是否是字母	是字母返回 1；否则返回 0
iscntrl	int iscntrl(int ch)；	检查 ch 是否是控制字符（其 ASCII 码在 0 和 0xlF 之间）	是控制字符返回 1；否则返回 0
isdigit	int isdigit(int ch)；	检查 ch 是否是数字	是数字返回 1；否则返回 0
isgraph	int isgraph(int ch)；	检查 ch 是否是可打印字符（其 ASCII 码在 0x21 和 0x7e 之间），不包括空格	是可打印字符返回 1；否则返回 0
islower	int islower(int ch)；	检查 ch 是否是小写字母 (a～z)	是小字母返回 1；否则返回 0
isprint	int isprint(int ch)；	检查 ch 是否是可打印字符（其 ASCII 码在 0x21 和 0x7e 之间），不包括空格	是可打印字符返回 1；否则返回 0
ispunct	int ispunct(int ch)；	检查 ch 是否是标点字符（不包括空格）即除字母、数字和空格以外的所有可打印字符	是标点返回 1；否则返回 0
isspace	int isspace(int ch)；	检查 ch 是否是空格、跳格符（制表符）或换行符	是，返回 1；否则返回 0
issupper	int isalsupper(int ch)；	检查 ch 是否是大写字母 (A～Z)	是大写字母返回 1；否则返回 0
isxdigit	int isxdigit(int ch)；	检查 ch 是否是一个十六进制数字 (即 0～9，或 A 到 F，a～f)	是，返回 1；否则返回 0

续表

函数名	函数原型	功能	返回值
tolower	int tolower(int ch)；	将 ch 字符转换为小写字母	返回 ch 对应的小写字母
toupper	int toupper(int ch)；	将 ch 字符转换为大写字母	返回 ch 对应的大写字母

3．字符串函数

使用字符串中函数时，应该在源文件中使用命令：

#include "string.h"

函数名	函数原型	功能	返回值
memchr	void memchr(void *buf；char ch；unsigned int count)；	在 buf 的前 count 个字符里搜索字符 ch 首次出现的位置	返回指向 buf 中 ch 的第一次出现的位置指针；若没有找到 ch，返回 NULL
memcmp	int memcmp(void *buf1，*buf2，unsigned int count)；	按字典顺序比较由 buf1 和 buf2 指向的数组的前 count 个字符	buf1<buf2，为负数 buf1=buf2，返回 0 buf1>buf2，为正数
memcpy	void *memcpy(void *to，*from，unsigned int count)；	将 from 指向的数组中的前 count 个字符拷贝到 to 指向的数组中。from 和 to 指向的数组不允许重叠	返回指向 to 的指针
memove	void *memove(void *to，*from，unsigned int count)；	将 from 指向的数组中的前 count 个字符拷贝到 to 指向的数组中。from 和 to 指向的数组不允许重叠	返回指向 to 的指针
memset	void *memset(void *buf，char ch，unsigned int count)；	将字符 ch 拷贝到 buf 指向的数组前 count 个字符中	返回 buf
strcat	char *strcat(char *str1，*str2)；	把字符 str2 接到 str1 后面，取消原来 str1 最后面的串结束符'\0'	返回 str1
strchr	char *strchr(char *str，int ch)；	找出 str 指向的字符串中第一次出现字符 ch 的位置	返回指向该位置的指针，如找不到，则应返回 NULL
strcmp	int *strcmp(char *str1，*str2)；	比较字符串 str1 和 str2	str1<str2，为负数 str1=str2，返回 0 str1>str2，为正数
strcpy	char *strcpy(char *str1，*str2)；	把 str2 指向的字符串拷贝到 str1 中去	返回 str1

续表

函数名	函数原型	功能	返回值
strlen	unsigned intstrlen(char * str)；	统计字符串 str 中字符的个数（不包括终止符'\0'）	返回字符个数
strncat	char * strncat(char * str1， * str2，unsigned int count)；	把字符串 str2 指向的字符串中最多 count 个字符连到串 str1 后面，并以 null 结尾	返回 str1
strncmp	int strncmp(char * str1， * str2，unsigned int count)；	比较字符串 str1 和 str2 中最多前 count 个字符	str1<str2，为负数 str1=str2，返回 0 str1>str2，为正数
strncpy	char * strncpy(char * str1， * str2，unsigned int count)；	把 str2 指向的字符串中最多前 count 个字符拷贝到串 str1 中去	返回 str1
strnset	void * setnset(char * buf，char ch，unsigned int count)；	将字符 ch 拷贝到 buf 指向的数组前 count 个字符中	返回 buf
strset	void * setnset(void * buf，char ch)；	将 buf 所指向的字符串中的全部字符都变为字符 ch	返回 buf
strstr	char * strstr(char * str1， * str2)；	寻找 str2 指向的字符串在 str1 指向的字符串中首次出现的位置	返回 str2 指向的字符串首次出现的地址。否则返回 NULL

4. 输入输出函数

在使用输入输出函数时，应该在源文件中使用命令：

```
#include "stdio.h"
```

函数名	函数原型	功能	返回值
clearerr	void clearer(FILE * fp)；	清除文件指针错误指示器	无
close	int close(int fp)；	关闭文件（非 ANSI 标准）	关闭成功返回 0，不成功返回-1
creat	int creat(char * filename，int mode)；	以 mode 所指定的方式建立文件。（非 ANSI 标准）	成功返回正数，否则返回-1
eof	int eof(int fp)；	判断 fp 所指的文件是否结束	文件结束返回 1，否则返回 0
fclose	int fclose(FILE * fp)；	关闭 fp 所指的文件，释放文件缓冲区	关闭成功返回 0，不成功返回非 0

续表

函数名	函数原型	功能	返回值
feof	int feof(FILE * fp);	检查文件是否结束	文件结束返回非 0，否则返回 0
ferror	int ferror(FILE * fp);	测试 fp 所指的文件是否有错误	无错返回 0；否则返回非 0
fflush	int fflush(FILE * fp);	将 fp 所指的文件的全部控制信息和数据存盘	存盘正确返回 0；否则返回非 0
fgets	char * fgets(char * buf, int n, FILE * fp);	从 fp 所指的文件读取一个长度为（n−1）的字符串，存入起始地址为 buf 的空间	返回地址 buf；若遇文件结束或出错则返回 EOF
fgetc	int fgetc(FILE * fp);	从 fp 所指的文件中取得下一个字符	返回所得到的字符；出错返回 EOF
fopen	FILE * fopen(char * filename, * mode);	以 mode 指定的方式打开名为 filename 的文件	成功，则返回一个文件指针；否则返回 0
fprintf	int fprintf(FILE * fp; char * format, args, …);	把 args 的值以 format 指定的格式输出到 fp 所指的文件中	实际输出的字符数
fputc	int fputc(char ch; FILE * fp);	将字符 ch 输出到 fp 所指的文件中	成功则返回该字符；出错返回 EOF
fputs	int fputs(char * str; FILE * fp);	将 str 指定的字符串输出到 fp 所指的文件中	成功则返回 0；出错返回 EOF
fread	int fread(char * pt; unsigned size, n; FILE * fp);	从 fp 所指定文件中读取长度为 size 的 n 个数据项，存到 pt 所指向的内存区	返回所读的数据项个数，若文件结束或出错返回 0
fscanf	int fscanf(FILE * fp; char * format, args, …);	从 fp 指定的文件中按给定的 format 格式将读入的数据送到 args 所指向的内存变量中（args 是指针）	输入的数据个数
fseek	int fseek(FILE * fp; long offset; int base);	将 fp 指定的文件的位置指针移到 base 所指出的位置为基准、以 offset 为位移量的位置	返回当前位置；否则返回−1
ftell	long ftell(FILE * fp);	返回 fp 所指定的文件中的读写位置	返回文件中的读写位置；否则返回 0
fwrite	int fwrite(char * ptr; unsigned size, n; FILE * fp);	把 ptr 所指向的 n * size 字节输出到 fp 所指向的文件中	写到 fp 文件中的数据项的个数
getc	int getc(FILE * fp);	从 fp 所指向的文件中的读出下一个字符	返回读出的字符；若文件出错或结束返回 EOF
getchar	int getchat(void);	从标准输入设备中读取下一个字符	返回字符；若文件出错或结束返回−1

续表

函数名	函数原型	功能	返回值
gets	char *gets(char *str)；	从标准输入设备中读取字符串存入 str 指向的数组	成功返回 str，否则返回 NULL
open	int open(char * filename，int mode)；	以 mode 指定的方式打开已存在的名为 filename 的文件（非 ANSI 标准）	返回文件号（正数）；如打开失败返回－1
printf	int printf(char * format，args，…)；	在 format 指定的字符串的控制下，将输出列表 args 的指针输出到标准设备	输出字符的个数；若出错返回负数
prtc	int prtc(int ch；FILE *fp)；	把一个字符 ch 输出到 fp 所指的文件中	输出字符 ch；若出错返回 EOF
putchar	int putchar(char ch)；	把字符 ch 输出到 fp 标准输出设备	返回换行符；若失败返回 EOF
puts	int puts(char *str)；	把 str 指向的字符串输出到标准输出设备；将'\0'转换为回车行	返回换行符；若失败返回 EOF
putw	int putw(int w，FILE *fp)；	将一个整数 i(即一个字）写到 fp 所指的文件中（非 ANSI 标准）	返回读出的字符；若文件出错或结束返回 EOF
read	int read(int fd；char * buf，unsigned int count)；	从文件 fp 所指定文件中读 count 个字节到由 buf 指示的缓冲区（非 ANSI 标准）	返回真正读出的字节数，如文件结束返回 0，出错返回－1
remove	int remove(char *fname)；	删除以 fname 为文件名的文件	成功返回 0；出错返回－1
rename	int remove(char * oname，*nname)；	把 oname 所指的文件名改为由 nname 所指的文件名	成功返回 0；出错返回－1
rewind	void rewind(FILE *fp)；	将 fp 指定的文件指针置于文件头，并清除文件结束标志和错误标志	无
scanf	int scanf(char *format，args，…)；	从标准输入设备按 format 指示的格式字符串规定的格式，输入数据给 args 所指示的单元。args 为指针	读入并赋给 args 数据个数。如文件结束返回 EOF；若出错返回 0
write	int write(int fd；char * buf；unsigned count)；	从 buf 指示的缓冲区输出 count 个字符到 fd 所指的文件中（非 ANSI 标准）	返回实际写入的字节数，如出错返回－1

5. *动态存储分配函数*

在使用动态存储分配函数时，应该在源文件中使用命令：

```
#include "stdlib.h"
```

函数名	函数原型	功能	返回值
callloc	void * calloc(unsigned n, unsigned size);	分配 n 个数据项的内存连续空间，每个数据项的大小为 size	分配内存单元的起始地址。如不成功，返回 0
free	void free(void * p);	释放 p 所指内存区	无
malloc	void * malloc (unsigned size);	分配 size 字节的内存区	所分配的内存区地址，如内存不够，返回 0
realloc	void * reallod(void * p; unsigned size);	将 p 所指的已分配的内存区的大小改为 size。size 可以比原来分配的空间大或小	返回指向该内存区的指针。若重新分配失败，返回 NULL

6. 其他函数

“其他函数”是C语言的标准库函数，由于不便归入某一类，所以单独列出。使用这些函数时，应该在源文件中使用命令：

```
#include "stdlib.h"
```

函数名	函数原型	功能	返回值
abs	int abs(int num);	计算整数 num 的绝对值	返回计算结果
atof	double atof(char * str);	将 str 指向的字符串转换为一个 double 型的值	返回双精度计算结果
atoi	int atoi(char * str);	将 str 指向的字符串转换为一个 int 型的值	返回转换结果
atol	long atol(char * str);	将 str 指向的字符串转换为一个 long 型的值	返回转换结果
exit	void exit(int status);	中止程序运行。将 status 的值返回调用的过程	无
itoa	char * itoa(int n, radix, char * str);	将整数 n 的值按照 radix 进制转换为等价的字符串，并将结果存入 str 指向的字符串中	返回一个指向 str 的指针
labs	long labs(long num);	计算 c 整数 num 的绝对值	返回计算结果
ltoa	char * ltoa(long int n, int radix, char * str);	将长整数 n 的值按照 radix 进制转换为等价的字符串，并将结果存入 str 指向的字符串	返回一个指向 str 的指针
rand	int rand( );	产生 0 到 RAND_MAX 之间的伪随机数。RAND_MAX 在头文件中定义	返回一个伪随机（整）数

续表

函数名	函数原型	功能	返回值
random	int random(int num)；	产生 0 到 num 之间的随机数	返回一个随机（整）数
rand _ omize	void randomize ( )；	初始化随机函数，使用时包括头文件 time. h	
strtod	double strtod(char * start，char * * end)；	将 start 指向的数字字符串转换成 double，直到出现不能转换为浮点的字符为止，剩余的字符串符给指针 end * HUGE _ VAL 是 Turbo C 在头文件 math. H 中定义的数学函数溢出标志值	返回转换结果。若未转换则返回 0。若转换出错返回 HUGE _ VAL 表示上溢，或返回－HUGE _ VAL 表示下溢
strtol	Long int strtol (char * start，char * * end，int radix)；	将 start 指向的数字字符串转换成 long，直到出现不能转换为长整形数的字符为止，剩余的字符串符给指针 end 转换时，数字的进制由 radix 确定 * LONG _ MAX 是 Turbo C 在头文件 limits. h 中定义的 long 型可表示的最大值	返回转换结果。若未转换则返回 0。若转换出错返回 LONG _ MAX 表示上溢，或返回－LONG _ MAX 表示下溢
system	int system(char * str)；	将 str 指向的字符串作为命令传递给 DOS 的命令处理器	返回所执行命令的退出状态

参考文献

[1] 武马群. C 语言程序设计. 北京：北京工业大学出版社，2005.

[2] 谭浩强. C 语言程序设计. 北京：清华大学出版社，2008.

[3] 黄云辉. C 语言程序设计教程. 西安：电子科技大学出版社，2016.

[4] 王新萍，郑静. C 语言程序设计教程. 北京：电子工业出版社，2010.

图书在版编目（CIP）数据

C语言程序设计案例教程/刘小华，史春水，马平主编. —北京：中国人民大学出版社，2019.11
中等职业教育计算机应用专业规划教材
ISBN 978-7-300-27347-1

Ⅰ.①C… Ⅱ.①刘… ②史… ③马… Ⅲ.①C语言-程序设计-中等专业学校-教材 Ⅳ.①TP312.8

中国版本图书馆CIP数据核字（2019）第177743号

中等职业教育计算机应用专业规划教材
C语言程序设计案例教程
主　编　刘小华　史春水　马　平
副主编　廖志勇　刘　伟　胡源源　马云扉　屈华军　赵庆超
　　　　肖　春　倪贵兰　王　健　杨　柳　余　伟
参　编　李潇澜　谢　洋　袁新平　陈青松　陈　頔
C Yuyan Chengxu Sheji Anli Jiaocheng

出版发行	中国人民大学出版社		
社　　址	北京中关村大街31号	**邮政编码**	100080
电　　话	010-62511242（总编室）		010-62511770（质管部）
	010-82501766（邮购部）		010-62514148（门市部）
	010-62515195（发行公司）		010-62515275（盗版举报）
网　　址	http://www.crup.com.cn		
经　　销	新华书店		
印　　刷	北京昌联印刷有限公司		
规　　格	185 mm×260 mm　16开本	**版　　次**	2019年11月第1版
印　　张	19.25	**印　　次**	2019年11月第1次印刷
字　　数	450 000	**定　　价**	48.00元